无印良品的整理收纳

[日]梶谷阳子 著
曹永洁 译

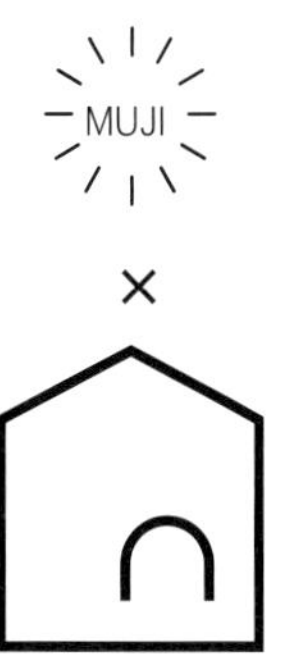

中信出版集团 · 北京

前言

你会在哪个瞬间感觉自己的家是舒适自在的呢?

当家人露出笑脸时，当看到喜欢的物品时，当拥有向往的物品时，我感到家是舒适自在的。

家是生活的重要场所，为了使自己和家人住得舒适，合理利用空间归置必要的物品，是非常重要的。如果坚持不置一物，固然可以保持宽敞的空间，但一家人生活在一起，还是需要很多必需品。而这些物品以什么样的状态位于家里的什么位置，就成为舒适度日的关键所在。

正因为空间有限，所以我置办任何物品都会谋定而后动。我会从性能、便利度，以及跟房间的搭配等多个角度进行选购，只有真正中意的东西才可以登堂入室成为家庭一员。

环视我家，处处可见各种无印良品的归置用具。我并不是刻意挑精品来买，但这些真正得心应手的东西，每一件都成了“无印良品”*。这些材质多样、功能齐全、适用于任何房间，并且跟周围的物品能和睦相处的归置用具，是我营造舒适家居的得力助手。

整理收纳物品时，根据房型、物品以及使用人的不同，最佳的收纳位置和收纳方法都会有所不同。这些可以配合不同房间、不同收纳人而呈现无限收纳可能的归置用具是我的最爱。当然家中也并不尽是无印良品的产品，但任何时候都能触手可及的它们，对我来说就是无印良品。

*“无印良品”的本意是“没有商标的优质产品”。——编者注

梶谷家的房间结构示意图

家庭基本信息

成员构成 ………………… 夫妇
女儿（7岁）
儿子（2岁）
住房形态 ……… 独门独院
面积 ………………… 115㎡
建筑年龄 ……………… 4年
房型 …………………… 3LDK
（即3居室＋餐厅+厨房）

建这所房子时，我最在意的是一楼的房型，因为即使孩子长大以后，这里仍然是家人聚会的场所。为了处处都能感觉到家人的存在，我特意在一楼做了开放式的厨房，这是我最满意的地方。

1F

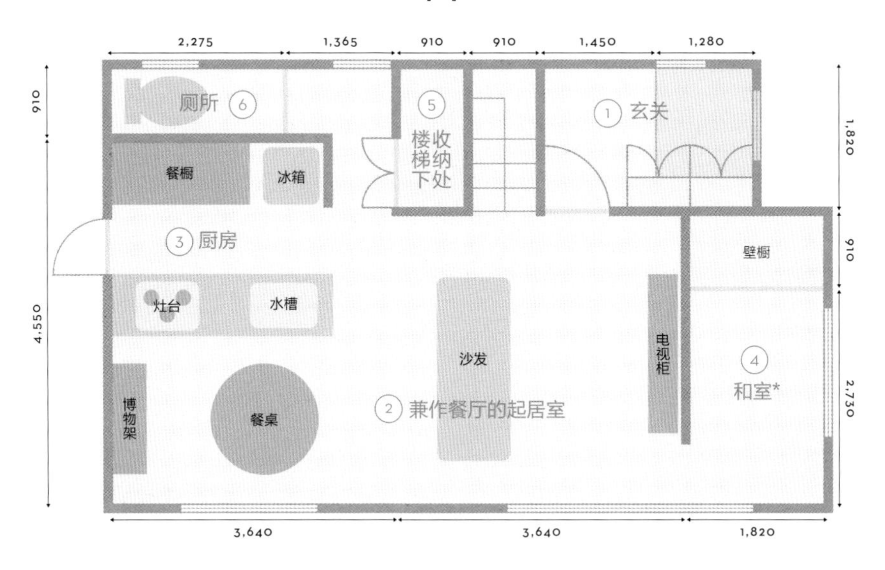

2F

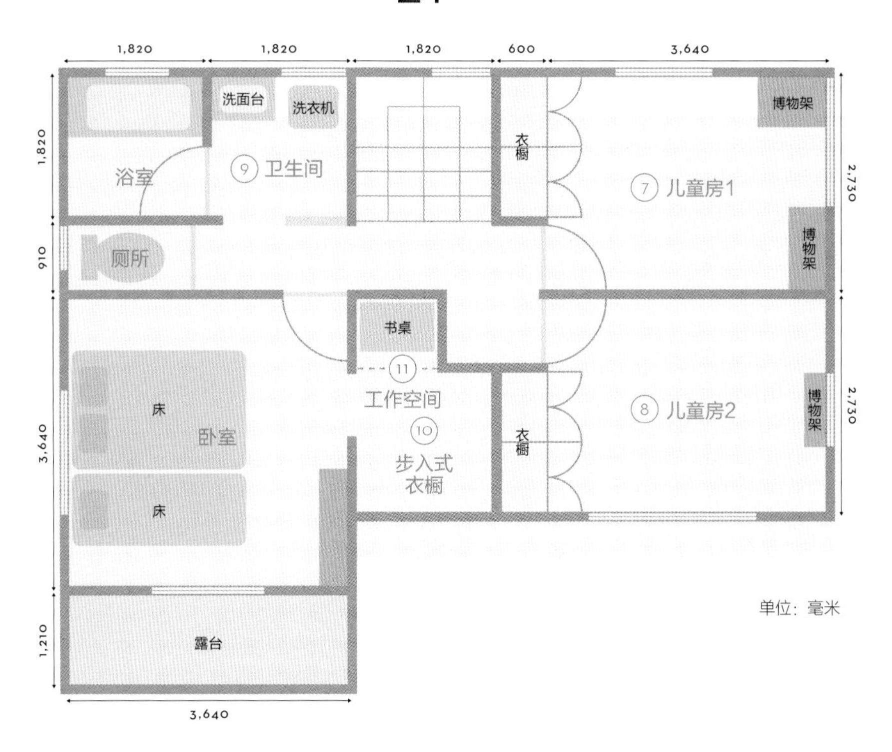

单位：毫米

* 和室：日本传统样式房间，以天然木材装饰装修，功能不固定。——编者注

关于商品的尺寸标示：文中载有商品名及其尺寸。
尺寸按长 × 宽 × 高来表示。

明白了“基本原则”，房间就会成为舒适的空间

整理收纳的基本原则

物品的增减一定是人为使然。首先，把所有物品都取出来，看看自己有哪些东西。

整理之后的收纳至关重要

所谓“整理收纳”是颇有深意的词组。正如“整理”之后才是“收纳”的文字排列，不整理是无法收纳的。当你认为必须把塞满东西的空间收拾一下时，你会增加收纳家具和收纳用品，但这样并不能解决问题。首先，你必须进行整理。查看现存的所有东西，认清哪些是现在的生活所必需的，然后把不要的东西清理掉。进行“整理”之后，才能进入“收纳”步骤，因此才有“整理收纳”一词。

基本步骤：

1. 重新检查物品

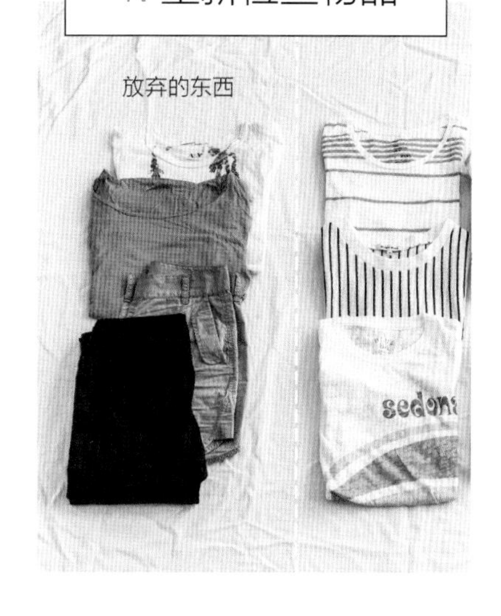

放弃物品——放弃的标准非常简单。除了有纪念意义的东西以外，一律用“现在是否使用”来判断。不要用“或许以后用得着”、“花大价钱买来的”等未来或过去的事为基准，重要的是“现在”。

2. 分类

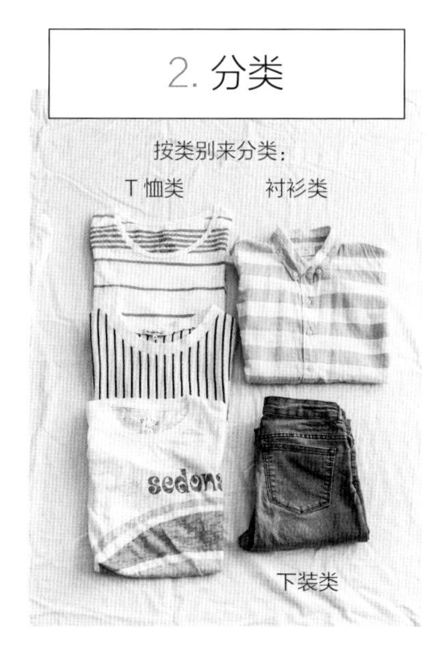

按类别来分类：T 恤类、衬衫类、下装类等。要一边考虑“怎样分类使用时更方便”一边将之分类。衣服可以先按着装者来分类，再进一步按类别分类，这样搭配起来会更省力。

3. 收纳

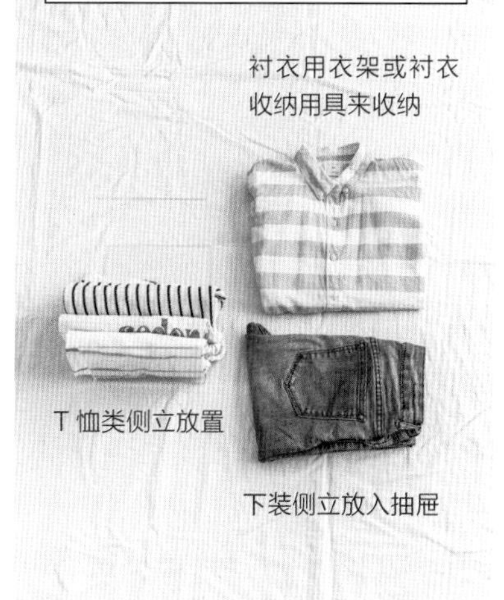

衬衫可以用衣架或夹子挂起，T 恤类可以竖起来摆放，下装可以立起放进抽屉。收纳的基本原则是“把东西放在易取易放的地方”。想一下以什么样的方式收纳，才能毫不费力地取放，来决定适合自己的收纳方法吧。

1. 重新检查物品

七分整理，三分收纳

所谓“整理收纳”，最重要的工作是“整理”，可以说“七分整理，三分收纳”。跟现有物品面对面地操作，相当费时费力。但是，“面对现有物品”同时也是“面对如今的自己”。塞满东西的空间是必要的吗？适合现在的自己吗？认真地对视，整理的不光是物品，心情也一起收拾起来。把握真正必需品的数量，进行有效的收纳吧。

2. 分类

◎以使用频率为基准

自己家中所有的物品都可以以“使用频率”来区分。除了日用品之外，还有女儿节人偶、圣诞树等季节性用品，以及旅行用的旅行箱等一年只用几次的物品。按照使用频率来分类，可以将经常用的物品收纳到易取放的地方，高效率地度过每一天。但是，防灾用品、急救箱等紧急情况用品，则要归于高频使用的一类。

◎按使用场合、目的来分类

分类时要想一下“这个东西是做什么用的”，把同一用途的东西放在一处。例如：把外出用的手帕、纸巾等放一起；把邮寄物品用的剪刀、胶带、绳子等归置一处。另外，也可以按“使用场所”来分类。即使是同一物品，充分考虑到它是由谁在何处使用，也是非常重要的。

◎放弃无用之物

在整理时，即使明白应该以“使用或不使用”来判断，还是会有很多物品诸如崭新却不合适的衣服、没有故障的家电等不舍放弃的东西，想扔又扔不了，即使是我也会遇到同样的难题。这种时候，可以利用慈善机构、跳蚤市场、回收商店等，让物品到需要它的人身边去。

犹豫不决时的检验条目

即使只有一条切中，也要选择放手。与物品认真对视吧！

衣服

- ☐ 应季的衣服却一次都没穿过
- ☐ 尺寸不合适了
- ☐ 已经不适合现在的自己

物品

- ☐ 几乎没有使用机会，失去它也不会带来不便
- ☐ 过多的囤货
- ☐ 认为或许总有一天会用到而保留下来的物品

3. 收纳

布置收纳空间时要考虑是否便于取用

与物品面对面的工作结束后，你对于现在的生活所需的物品数量已经有了把握，终于可以进入收纳阶段了。在布置收纳空间时，你要明确何人、何时，以怎样的频率取用这些东西，把使用频率高的物品放在易取放的位置。然后，你要考虑以怎样的方式收纳这些物品会更方便些。收纳用品的颜色以及收纳的方法，会改变室内装饰的气氛。虽说装饰风格接近理想状态是好事，但也不要一味追求整齐的外观，不要忘记让全家人都取用方便这一点。

方便使用的收纳窍门

缩小体积

在考虑便于取放的时候，要优先考虑使用时是否方便。从包装容器中取出来，缩小体积收纳，不仅使用方便，还可以有效利用空间。

挂起来

取放物品时，不用踮脚、不用弯腰是最省力的。可以结合使用者的身高，利用挂钩、挂杆等。

竖起来

放置物品时，不一定都使用叠放的方法。适合竖起来放置的东西有很多，如衣物和平底锅等烹饪用具，竖放的优点是一目了然，不用花时间寻找。

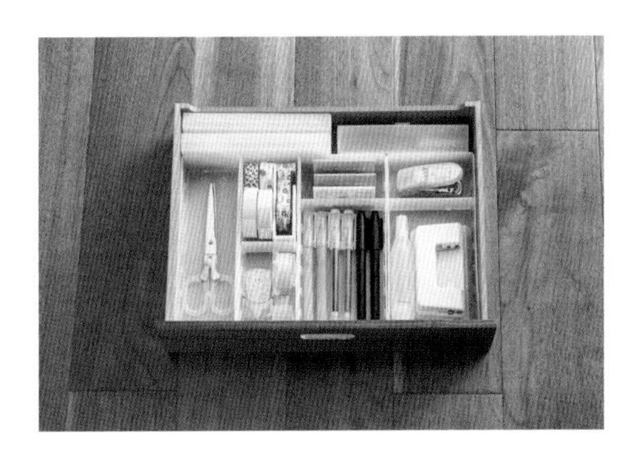

空间切分

充分利用空间，使物品便于取放的关键是切分空间。把较深的壁橱分为里外两部分，或者把抽屉内部切分为数个四方形，这样会更容易分类放置的物品。

Part1——

无 印 良 品 收 纳 术

使用无印良品的收纳物，过上舒心生活的梶谷家，
关注选择那些收纳用具的理由，
介绍不同场所的用具使用方法和收纳技巧。

选择无印良品的理由

用品尺寸适合家居的规格，不会浪费空间。

设计简洁，使用方便。

可以在多个地方结合自身需要循环使用。

把厨房变成一个可以和孩子一起做料理的地方

忙碌的生活中，每天不得不待的地方就是厨房。正因为如此，才需要一个让人喜欢做饭的厨房。不仅是我一个人，我需要的是能和孩子一起在里面度过美好时光的厨房。每一套厨具都是我精心挑选收集起来的。考虑到要和孩子一起使用，我会精心配置烹饪用具和调味料，而且只买真正需要的，还会设计好做饭时的最小活动路线。这些细小的心思使厨房成为我最爱的地方。

MUJI at

厨房

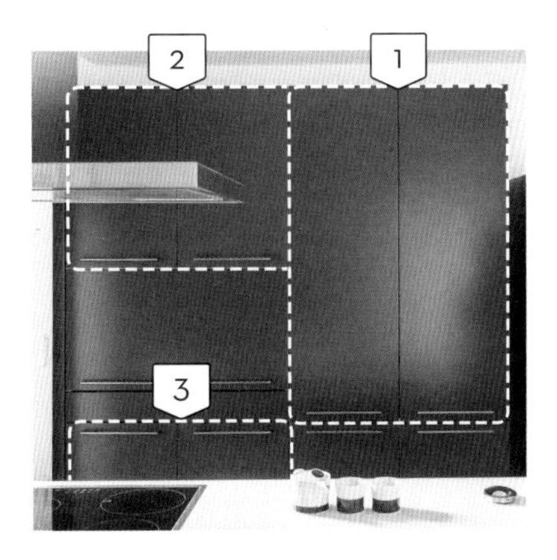

餐橱

把餐具分为家庭自用和来客使用两类会更方便。选用最有效活用空间的横格结构，可以提升收纳容量。把经常使用的家庭餐具靠外摆放，孩子用的餐具放在孩子可以拿到的位置。

尽量把储备食物从包装盒中取出来，放入保鲜盒中，并贴上写有保质期的标签。

蔬菜储物盒内部用隔板分隔开

把可以常温保存的蔬菜，放入餐橱最下面的塑料盒中，以便随时按需取用。把塑料盒按分类间隔开，经常食用的土豆、胡萝卜、洋葱等可以贴上标签，标明位置。

A 塑料箱隔板 · 大 · 4 枚入（约 65.5 × 0.2 × 11 厘米）

用钢丝篮来收纳赠品餐具

食品及厨房用具原则上要放在厨房里，赠品餐具也不例外。可以在餐橱最上层腾出专用空间，把它放入镂空的钢丝篮内，一目了然，以免遗忘。选用带把手的篮子，可以轻松取放。

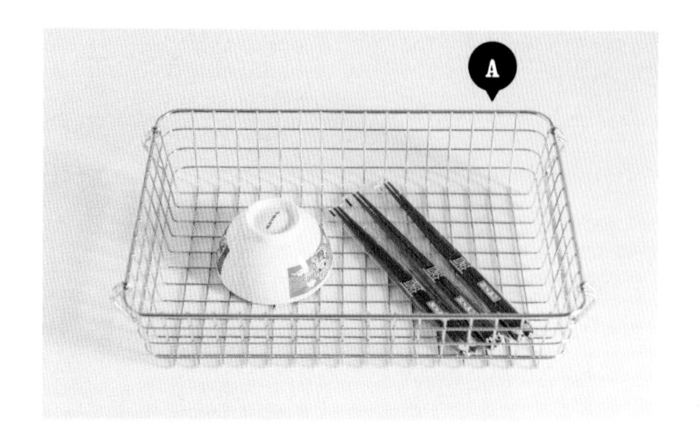

A 不锈钢网篮（约 37 × 26 × 8 厘米）

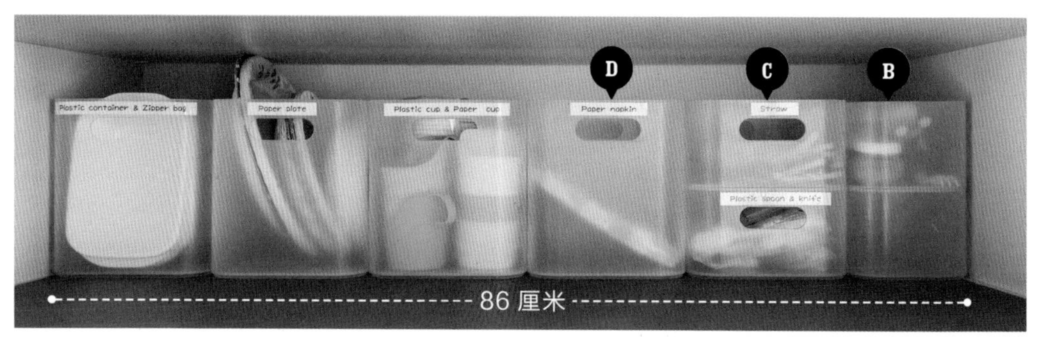

使用频率低的小杂物收入塑料箱

孩子使用的纸盘、纸杯等使用频率较低的零零碎碎的东西，使用塑料箱收纳的话，不会因摆放不当而浪费空间。带有把手的塑料箱，会使拖拉很顺滑。

B 塑料箱（约 15 × 11 × 8.6 厘米）
C 塑料箱（约 15 × 22 × 8.6 厘米）
D 塑料箱（约 15 × 22 × 16.9 厘米）

孩子们食用的点心类放入这里面就解决了，可摆放在下层，方便他们自己取用。

把每天的早餐面包放入钢丝篮

我们家的早餐是面包，我和丈夫也喝咖啡。为了让早餐准备工作顺利进行，我会把面包和咖啡固定放在烤箱旁边。这样做起早餐来就不用四处移动。

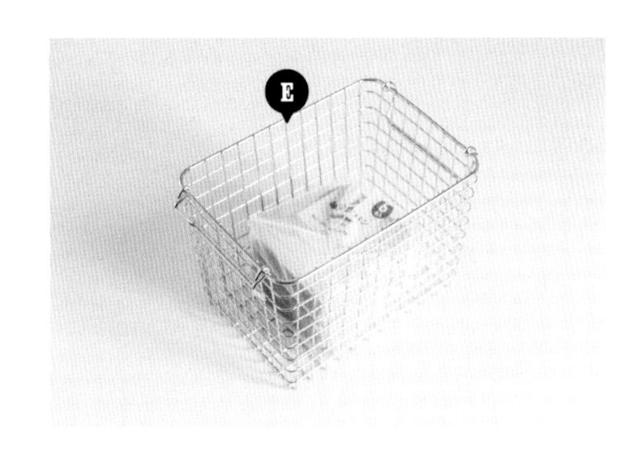

E 不锈钢网篮（约 26 × 18 × 18 厘米）

电炉下方

电炉下方的收纳空间与料理的效率密切相关。抽屉里放置些什么？怎么搭配？怎么放置？处理好这些问题会大大缩短料理时间。

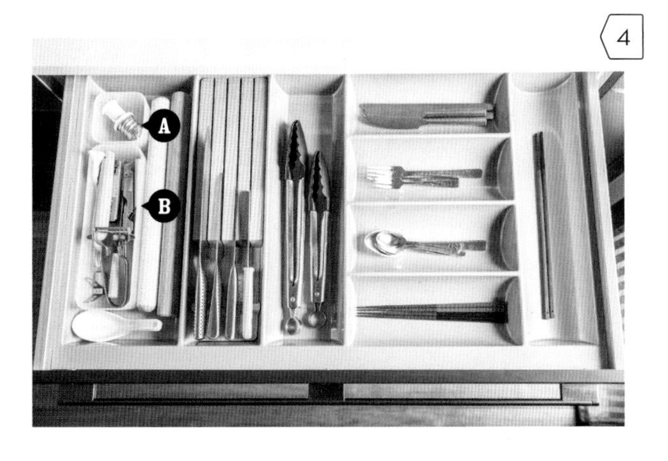

经常使用的餐具要精挑细选，放入最上层收纳

上层要放置经常使用的调味用具和夫妇俩用的进餐用具。把菜刀、夹子等放在离灶台最近的位置，伸手可取，非常方便。进餐用具分为来客使用和家庭自用，把家庭自用的餐具放入这里，可以方便使用。

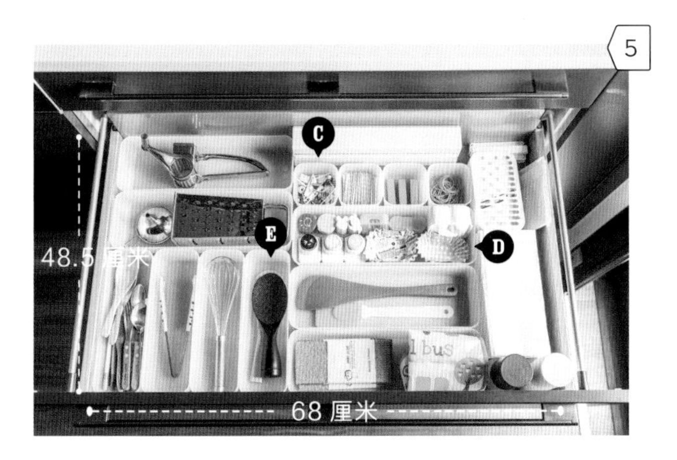

把整理盒平面摆放，使所收物品一目了然

中段放置使用频率较低的烹饪器具、做便当需要的物品，以及孩子们的进餐用具等。平面摆放整理盒，可以让所有东西都一目了然。孩子们的用具要放在他们自己能取放的位置。

分档的搁物台，可竖放平底锅

最下层抽屉有一定高度，可以放置煮锅和平底锅。由于空间有限，要严格选择确实需要的东西。平底锅和锅盖都单独竖放，不可叠放，以便伸手可取。

A、**C** 塑料整理盒 · 小（约 8.5 × 8.5 × 5 厘米）　**B**、**E** 塑料整理盒 · 中（约 8.5 × 25.5 × 5 厘米）
D 塑料整理盒 · 大（约 11.5 × 34 × 5 厘米）　**F** 有机玻璃分隔台 · 3 段式（约 26.8 × 21 × 16 厘米）

冰箱

为了防止搞不清楚冰箱最里边到底放了些什么，冰箱里可以使用盒子。这样既能有效利用空间，又方便拖拉，易于管理。大一点儿的盒子可以放每天的食材以及储备食物等。

麦茶放入冷水桶，放倒收到橱架上

冰箱门的空格我想用来放置使用频率高的调味料，把搁在这里很占空间的麦茶装入冷水桶，放倒后收到橱架上，节省出的冰箱门的储藏空间可以被更有效利用。

A 有机玻璃冷水桶（冷水专用 约 2 升）

用细高的储米器把米放入冰箱保存

我家的米都放入冰箱储存，冰箱专用储米器的盖子可以当计量杯使用，非常便利。因为身材苗条，储米器完全可以放入蔬菜篮内收纳。把大米放入冰箱，餐橱就可以被更有效使用。

B 冰箱专用储米器（约 2 千克）

使用频率较高的厨房用具可以挂在墙面上，伸手可及，非常方便。如果挂上一排自己喜欢的工具，烹饪的积极性会大幅提升。

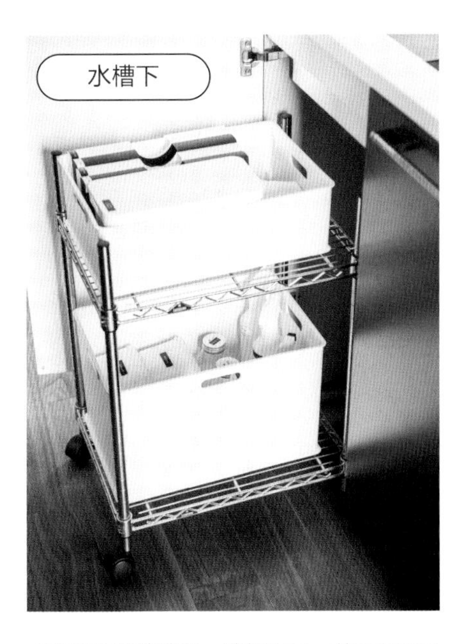

水槽下放置清洗剂、清扫用品，以及不同尺寸的垃圾袋，数量要少，够用即可。使用带轮子的架子，方便收放。

空隙和死角

仔细检查一下收纳场所，你会意外发现一些可用空间。如果用它来收纳“有用的东西”，它就会变成有效的储存空间。但如果仅仅因为无处可塞而把任何东西都胡乱放进这些空隙的话，那这些空隙就会塞满没用的东西。

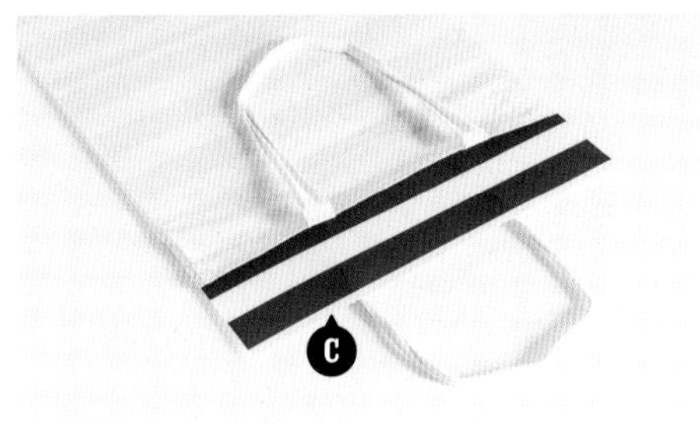

餐具垫放入自制的布包里

我家的餐橱门内侧有个很棒的收纳空间，原本无处收纳的餐具垫放入尺寸正好的布包里，收在餐橱门后，轻松取放，孩子们也可以帮忙摆放。

C A3 纸大小的个性布包（手工制作）

结合现在的生活，重新审视家具，有效利用空间

起居室是一家人待得最多的场所。我希望它能成为七岁的女儿和两岁的儿子开心玩耍、作为父母亲的我们可以彻底放松休憩并守护孩子的空间。以前，地毯上有张矮桌，除了能放一下东西别无他用，所以就撤去了。没有了矮桌，孩子们玩耍的空间变得更宽敞，这里成为孩子们最喜欢的地方。

MUJI at 起居室

电视柜

收纳日常生活中经常使用的杂物。孩子们用的物品要尽量放置在外侧。选择使用透明的收纳用品，贴上标签，使里面放置的内容可以一目了然。

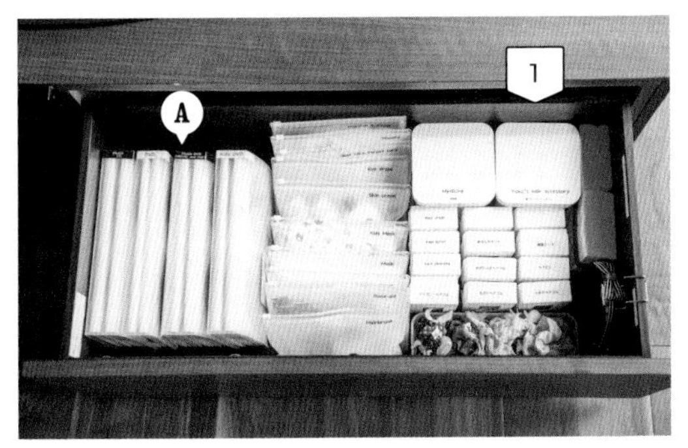

日益增多的 CD 和 DVD 用 CD 包来管理

一大堆的 CD 、DVD 全部从包装盒里取出来，收入 CD 包里。CD 包分为大人用的和孩子用的，贴上标签，以便孩子们查找。

A 塑料 CD、DVD 包 · 2 层 · 40 张 / 层 · 共可收纳 80 张

沙发四周

沙发是全家人休憩的场所。可以挨着孩子们聊聊天，看看电视。孩子们入睡后，坐在沙发上享受一个人的时间也是我的乐趣之一。

B 木盒（约 26 × 10 × 5 厘米）

把垃圾箱放在沙发下

沙发下放置一对筐子，其中一个放置坐在沙发上经常用到的遥控器、抽纸等。另外一个当垃圾箱使用，把原本放在通道上的垃圾箱放到沙发底下，可以确保通道的顺畅。

在每天的忙碌中，自己放松片刻的时间也是必要的。侧桌的大小正好可以用来放置咖啡和书本。我喜欢它的原因还在于，桌脚可以伸入沙发下，不会占用空间。

三层博物架

为了使起居室和餐厅成为令人心情愉悦的舒适空间，我购入了博物架。它可以结合各种生活习惯长期使用，很合我心意。

A 叠放式博物架 · 3 层 × 3 列 · 高密度板材（122 × 28.5 × 121 厘米）　**B** 叠放式抽屉 · 4 层 · 高密度板材（37 × 28 × 37 厘米）
C 塑料铅笔盒 · 横式 · 小（约 17 × 5.1 × 2 厘米）　**D** 不锈钢分隔板 · 小（约 10 × 8 × 10 厘米）
E 硬纸盒 · 带盖式（约 25.5 × 36 × 32 厘米）　**F** 再生纸双孔文件夹 50 毫米管式（A4 · 金属件长 5 厘米 · 深灰色）

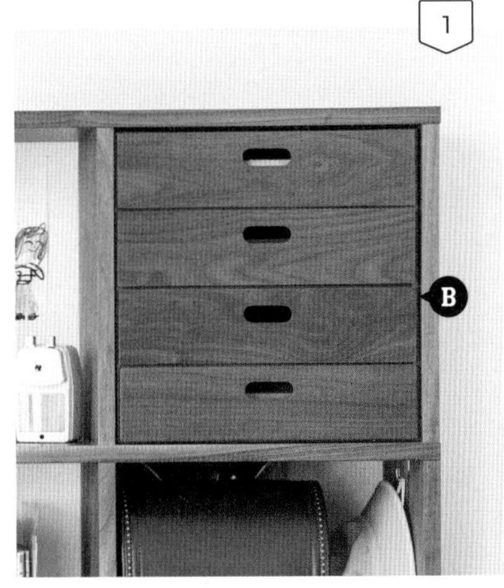

铅笔盒的选择要考虑方便家中的收纳，选个头小的

工作使用的东西可以收纳在抽屉里。用整理盒来确定和区分物品的放置位置。外出时需要的笔记用具也放在铅笔盒里。考虑到不用的时候可立起来收纳，我们家选择了个头较小的。

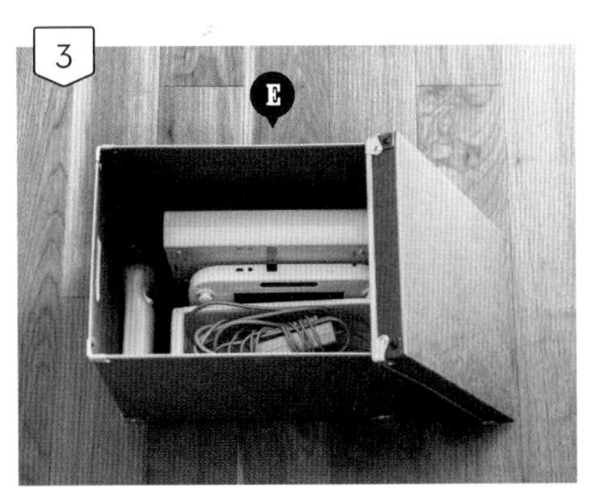

用隔板来收纳相册

在家人一起聚会聊天的起居室，摆上充满回忆的相册，可以用绘本和玩偶等喜欢的物件来装饰。如果相册歪倒的话看上去会很乱，也不好取放，可以使用小巧的隔板使它们整齐摆放。

游戏手柄等收纳在硬纸盒里

孩子们玩游戏的操作手柄，要放得离电视机远一点儿，防止过度使用。游戏机和电线也全部装入盒子，盖上盖子，不用担心灰尘。

日益增多的纸类文件用开孔的文件夹来管理

对于积攒太多会难以处理的纸类文件，我想出了这个既简单又可以长期保存的方法。按类别放入不同文件夹，文件夹装满后再重新检查，不要的就撕碎扔掉，这样可以轻松管理。

带壁橱的和室虽然不大
但却是很有用的空间

在我强烈要求下建造的三个榻榻米大小的和室房间，成为了照顾孩子的地方，我现在在这里给儿子换尿布。壁橱作为家里唯一一个大仓库，收纳了使用频率较低的生活杂物，以及圣诞树、女儿节人偶、头盔等装饰用品和季节家电。“壁橱”这个词语容易给人“塞满杂物”的感觉，但如果正确使用的话，它会成为全家人舒适生活的有力帮手。

壁橱

如果错误使用壁橱，这里很容易成为“塞满杂物”的地方。
制订可靠的计划，把它变成舒适生活的收纳库吧！

1

用抽屉式的收纳箱来收纳生活杂物

抽屉式的箱子可以放置从大到小的各种生活杂物。另外，筛选物品时，那些不知道该不该扔掉的东西，也可以暂时收在这里。

2

把空间分为方便使用的方格

灵活使用方格，把空间按内外、上下区分。按照使用频率和使用目的，来决定把什么东西放在什么位置。

3

大型的和重量级的物品放在下层

女儿节人偶等大型物件、缝纫机等季节性家电可以放在这里。体积大、分量重的物品不容易取放，放在下层会方便一些。

4

每天使用的儿童物品放入抽屉中保管

这里放置两岁儿子的替换衣物等。放在下层是为了坐着也能取出来，而且也方便孩子自己取放。

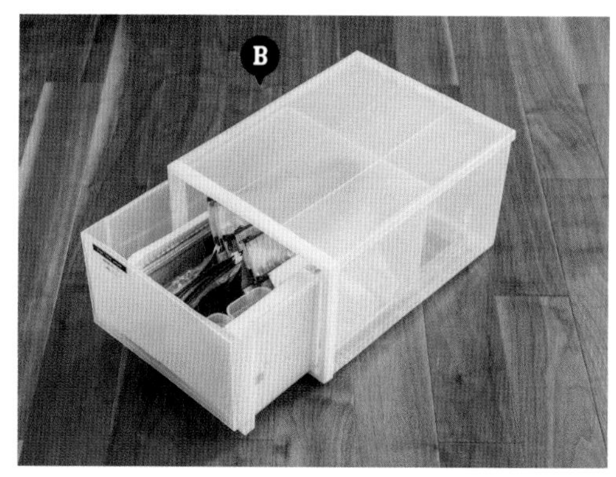

抽屉叠放的高度要考虑能否轻松够到

设置上层的抽屉高度时，要考虑自己能否轻松够到。上层抽屉可以放置使用频率低的生活杂物、打扫用具、个头较大的纪念品等。在整理物品时难以取舍的东西，以及要送人的东西，你也可以暂时将它们搁置在这里。

用文件盒配合方格架使用

把壁橱分割成格子架会增加收纳量，准确按照格子架的高度和宽度，摆放上文件盒即可。这里最适合分类放置缝纫用具、冠婚丧祭用品等零碎的杂物。

在壁橱内用横杆和布料制成帘子，营造整齐的外观

当打开壁橱时，百物杂陈的外观会使心情也沉重起来。用横杆和布料制成帘子，可以营造整齐的外观。帘子选用了我非常喜欢的面料，壁橱也不再让人懒得去打开。

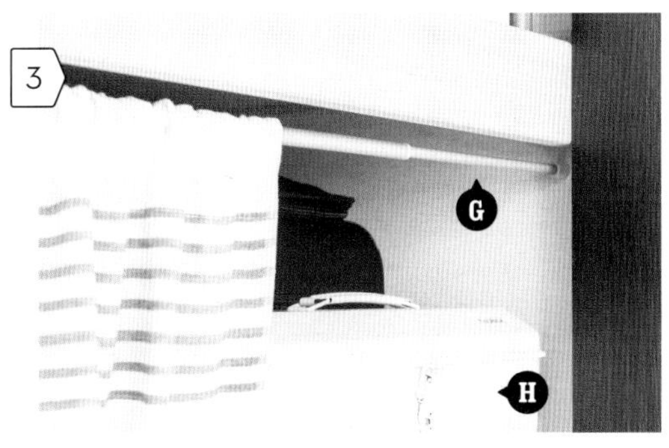

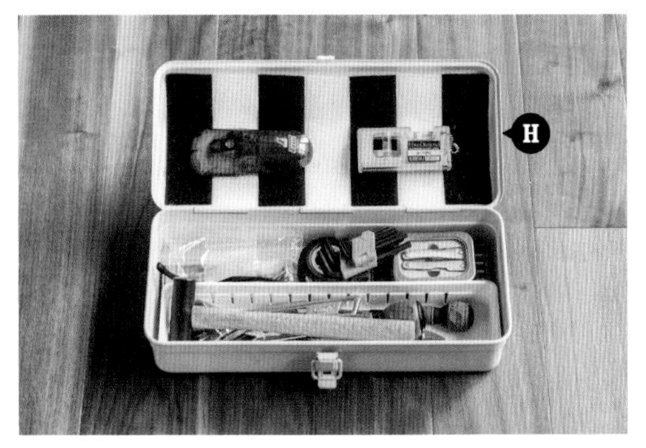

独具一格的不锈钢工具箱

工具类要严格选择实际需要的物品。工具箱的盖子内侧粘上魔术贴，大一点儿的东西可以粘在魔术贴上收纳，收放都很方便。我喜欢它的独具一格。

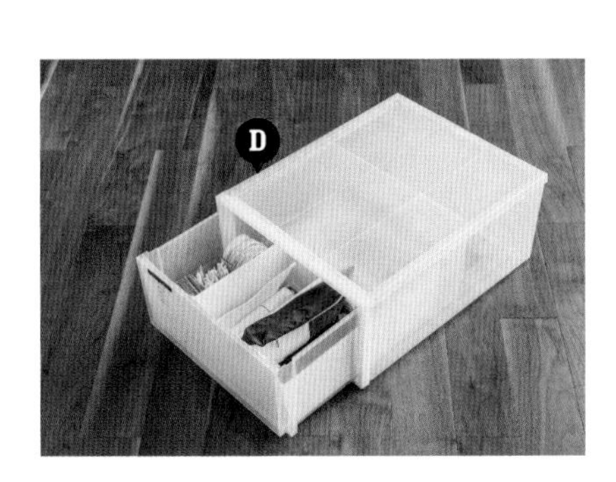

下层放置照顾两岁的儿子需要的一些物品，如棉棒等零碎用品，以及衣物等。放到孩子够得着的地方，他自己也能取出来。像毛毯之类的常用物品，放在低处孩子坐着也能取出来，非常方便。

A 抽屉式塑料收纳箱 · 小（约 34 × 44.5 × 18 厘米） **B** 抽屉式塑料收纳箱 · 中（约 34 × 44.5 × 24 厘米） **C** 抽屉式塑料收纳箱 · 深（约 34 × 44.5 × 30 厘米） **D** 抽屉式塑料收纳箱 · 大（约 44 × 55 × 24 厘米） **E** 塑料文件盒 · 宽 · A4 用 · 浅灰（约 15 × 27.6 × 31.8 厘米） **F** 塑料文件盒 · A4 用 · 浅灰（约 10 × 27.6 × 31.8 厘米） **G** 不锈钢调节杆 · 细 · M/ 银色（70~120 厘米、外径：1.3 厘米） **H** 不锈钢工具箱（约 38 × 18 × 13 厘米）

MUJI at

楼梯下收纳处

楼梯下面“秘密基地”式令人兴奋的空间

楼梯下的空间由于高度不均，是个不好处理的收纳场所。但由于我家的这个地方正好位于餐厅和起居室的中间，所以我想把它营造成一个可以成为孩子“秘密基地”的房间，用来放置孩子的玩具、凝聚家族回忆的物品、生活杂货、书以及文件等。这样一来，原本不好利用的楼梯下的空间，就成为仅次于壁橱的强力收纳库，孩子们可以每天出入其中快乐玩耍。

架子这样来摆放

俯视图：4　3　2　1　5　门

正面视图：楼梯　5　4　楼梯　2　1　3

放置物品时要考虑抽拉文件盒以及抽屉所需的空间，靠里的空间可以归置使用不太频繁的纪念品等。使用频率较低的书、文件以及杂货等可以放在上层，中段集中摆放经常使用的物品。

1～4 密度板格架 / 驼色

1 横竖 A4 大小 · 5 层（约 37.5 × 29 × 180 厘米）

2 横竖 A4 大小 · 4 层（约 37.5 × 29 × 144 厘米）

3 竖高型 · 3 层（约 25 × 29 × 108 厘米）

4 横竖 A4 大小 · 3 层（约 37.5 × 29 × 108 厘米）

5 抽屉式塑料收纳箱 · 中（约 34 × 44.5 × 24 厘米）

抽屉式塑料收纳箱 · 深（约 34 × 44.5 × 30 厘米）

住宅文件、跟爱好有关的书籍、各类资格考试的教科书等，分类来收纳。由于这些物品不会频繁取放，所以放在上层。不断增加的爱好类书籍，一律放入文件盒。

A 硬纸文件盒 · 5 个一组（约 10 × 27.6 × 31.8 厘米）
B 塑料文件盒 · 宽 · A4 用 · 浅灰（约 15 × 32 × 24 厘米）
塑料文件盒 · A4 用 · 浅灰（约 10 × 32 × 24 厘米）
C 纸箱抽屉 · 2 层（密度板格架用）（约 34 × 27 × 34 厘米）
D 纸箱抽屉（密度板格架用）（约 34 × 27 × 34 厘米）

文件盒要分门别类

怀孕时的日记和相册、家庭活动的照片等都放入文件盒。因为会经常看，所以要放在孩子能拿到的位置。

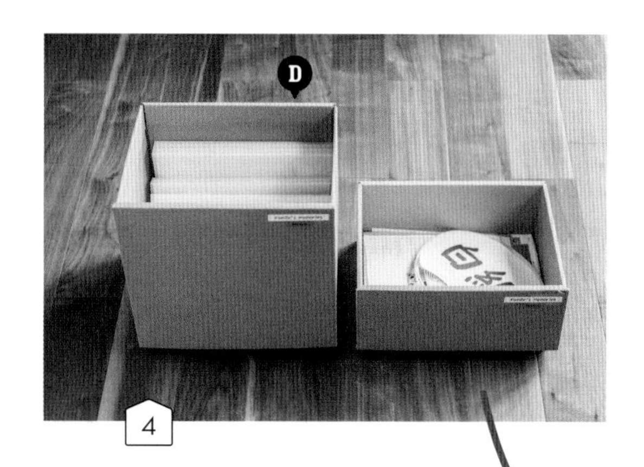

充满回忆的物品放在固定的文件盒内

全家外出时的纪念品、运动会上使用的器具等日益增多的“凝聚家人回忆的物品”，放入专用的抽屉收纳。装满后跟孩子一起重新翻看。孩子写的书信可放入文件袋保存。

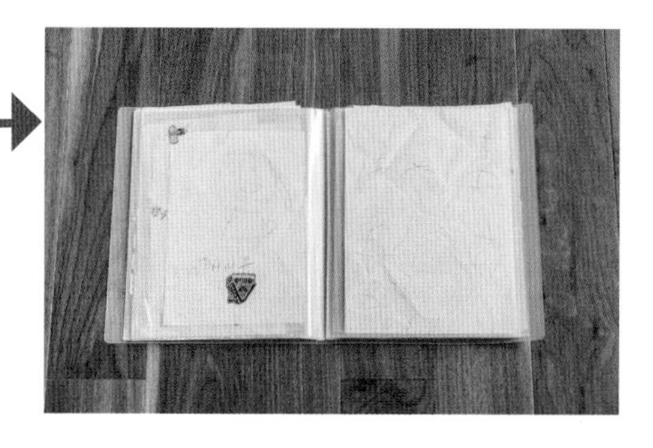

使用文件盒和文件袋整理文件类物品

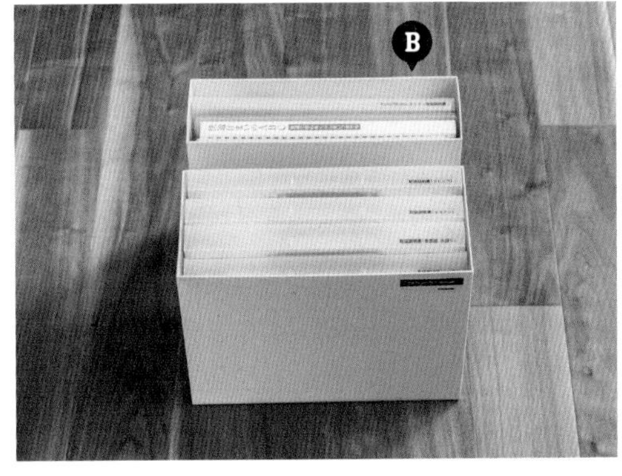

使用说明书以及跟生活有关的 A4 大小的文件类都放置在楼梯下。使用说明书可以根据说明的对象仔细分类，分别装入不同的文件袋，然后放入文件盒内。放在与视线等高的位置，便于取放。

抽屉位置要充分考虑孩子的身高，放在他们可以轻松取放的位置，便于他们自行搬运。

玩具专用的抽屉纸箱

给两个孩子分别做了玩具专用的抽屉。孩子们主要是在起居室和儿童房玩玩具，在起居室玩的玩具就近收纳，防止乱放。

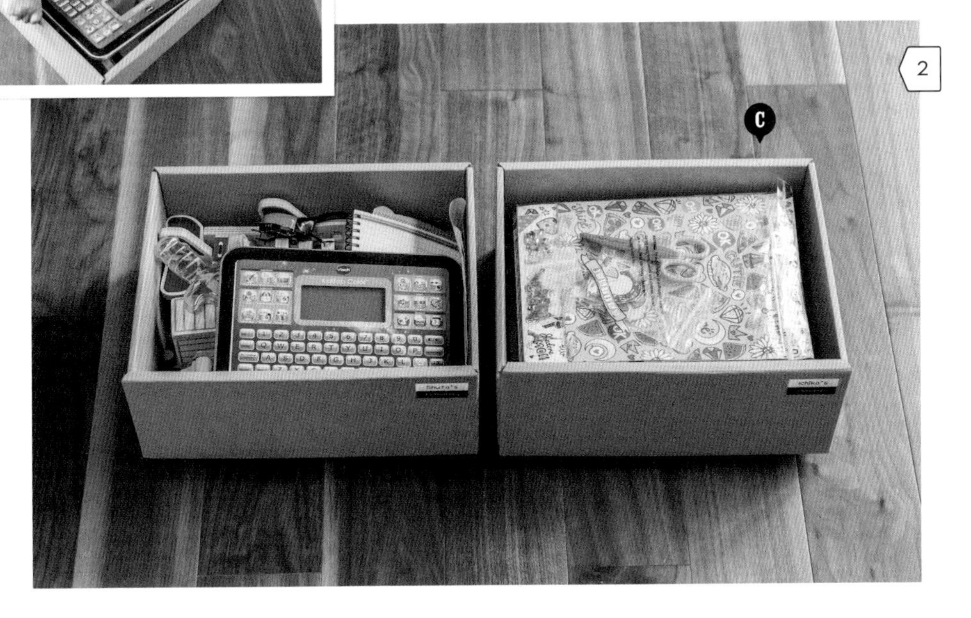

MUJI at
儿童房1

UVWXYZABCDEFGHIJKLM

玩具的收纳要结合孩子的活动范围

这个房间打算以后给儿子使用，现在是两个孩子的游戏空间。以前两个人的玩具是分开放置的，由于他们总在一起玩儿，后来就归置到一处了。为了不让孩子的游戏从“寻找”开始，要让他们明确玩具的具体位置。

另外，如果平时不留心，玩具会越来越多。所以，我和孩子会遵守一个规则——添一件就舍一件。

A 有机玻璃搁物台（约 26 × 17.5 × 16 厘米）

为方便孩子取放，巧妙使用有机玻璃搁物台

收纳绘本时，我把有机玻璃搁物台逆向使用。这样既可以方便孩子取书，又可以防止大本的书倒下。打扫的时候也不用每册都移动，整个抬起来即可，非常方便。

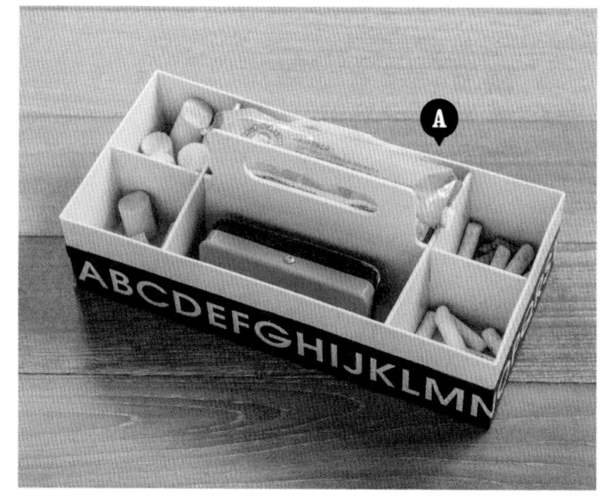

黑板书写用品收入便携盒中

博物架上可以放置孩子制作的作品。黑板书写用具可以收到便携盒内，使用敞开式的盒子可以方便取用，具体收纳位置听取孩子的意见来决定。

A 塑料便携收纳盒 · 宽 · 灰白（约 15 × 32 × 8 厘米）

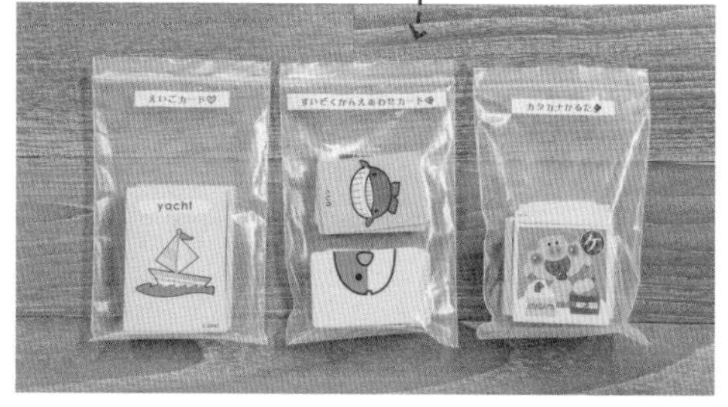

我收纳的原则是：打开抽屉要一目了然，尽量不重叠摆放。“过家家”等游戏所需要的道具都分类收纳，卡片类分别装入小袋收在盒子里。

ABOUT

儿童房的标签

LABEL

标签是明确物品所在位置的必需道具。孩子们不会整理物品的原因之一，就是不知道该放回哪里去。所以结合孩子的年龄，给物品贴上标签就尤为重要。和孩子一起制作标签，也是引导孩子乐于整理物品的一个方法。

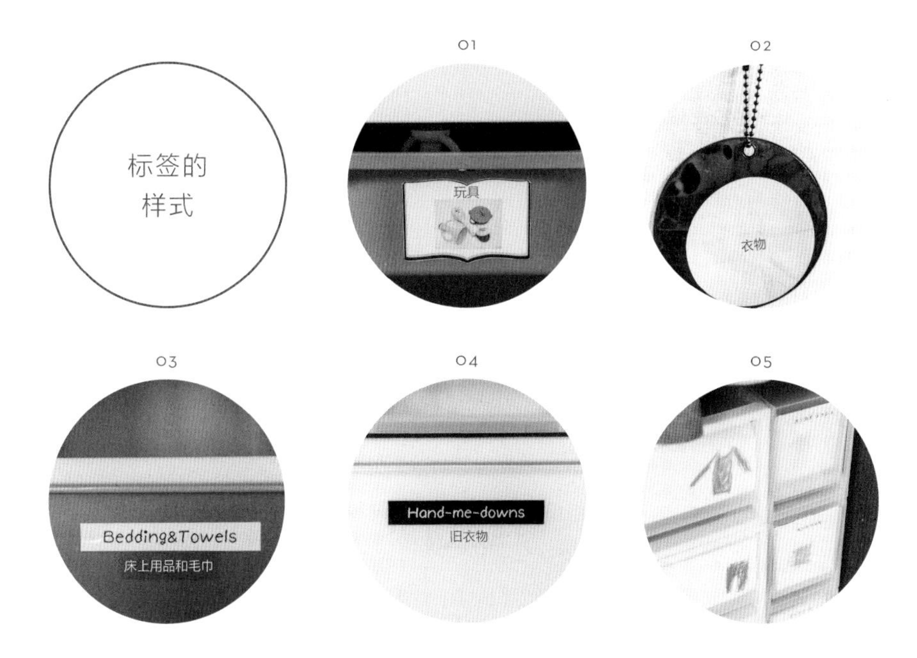

01 对于还不识字的孩子，建议使用图片标签。每天看着，他自然就记住了该放回的位置。

02 对于无法粘贴标签的收纳用品，可使用挂吊牌的方式。选择自己喜欢的吊牌，对收纳用品也能起到很好的装饰作用。

03,04 随时随地都能轻松制作标签的标签印刷机是整理收纳的有力帮手。可以和孩子一起选择喜欢的字体和颜色。

05 给收纳的物品配上解说图，制作出世界上独一无二的标签。孩子们在开心之余，也会乐于收拾物品。

孩子的成长环境发生变化时，是更换家具、重新收纳的好机会

去年春天，女儿升上了小学，借此机会我们把她的房间重新装修了。“你想在哪里学习？”“你想在哪里睡觉？”听取她的意见后，我们购置了必要的家具。她现在在餐厅学习，睡觉还是跟我们一起，但总有一天她的房间要安放书桌和床。因此，我选择了她长大一些还是可以使用的博物架。以木纹的肌理和可爱的壁纸为主调的空间，女儿非常喜欢。

MUJI at

儿童房 2

摆放闹钟，顺便让她练习认识钟表

上小学后，女儿身边的所有东西都要自己来决定了。她选择了可爱的白色闹钟，顺便也可以练习读取时间，带着时间意识进行活动，要从一点一滴开始。

把狭小的空间间隔成两层

因为空间有限，间隔成两层可以使空间被充分利用，这样一来，收纳量会大幅提升。女儿喜欢手工制作，自己的作品成为房间布置的一部分，她也很高兴。

配套的纸抽盒和垃圾桶

纸抽盒选便于更换纸巾的款式，并放在孩子方便取放的位置。垃圾桶尽量放在纸抽盒附近，防止孩子乱丢废纸。垃圾桶的大小要根据房间的垃圾量来定。

A 钟表 · 小（带底座）· 白色
B 多层博物架 ·“コ”形分隔架
C 水曲柳木纹垃圾箱 · 长方形（约 28.5 × 15.5 × 30.5 厘米）

衣橱

衣橱不要从一开始就定型，要随着孩子成长而随时调整。收纳的物品会随着孩子的成长而有所变化，要选择能长时间方便孩子循环使用的收纳用具。

为了方便每天的搭配，把衣服都放在左侧，并分类收纳。右侧放置孩子做操或吃饭时的衣服、口罩，以及在学校使用的文具等。

用挂衣杆增加收纳量

利用挂衣杆可以增加衣橱的收纳量。位置设在孩子的手能够到的地方，挂当季的衣服。原本就有的挂衣架上挂过季的衣服以及穿着次数较少的衣服。

包包都挂在 S 形挂钩上收纳

占地方的包包都挂在 S 形挂钩上收纳。如果一股脑将包包塞进去，很容易因找不到而不被使用，因此放在能看得见的地方，可以随时使用。女儿很喜欢这种摆法，说像专卖店一样。

使文件盒的敞口朝外摆放

文件盒有两种摆放方式。若要追求整齐，可以让敞口朝里，看不见里面的东西。若要追求方便，就让敞口朝外，可以看见里面的东西。儿童房还是以方便原则优先，寻找起来没有压力。

A S 形铝钩 · 大（约 5.5 × 11 厘米）
B 竖高型密度板格架 · 2 层 · 驼色（约 25 × 29 × 72 厘米）
C 硬纸文件盒 · 5 个一组（约 10 × 27.6 × 31.8 厘米）

MUJI at

步入式衣橱

可以快乐选择衣服的衣橱

我一直都想有一个使选择衣服成为一种快乐的衣橱。如果在你面对衣橱，想选择接下来一天的服装搭配时，却完全不知道什么东西放在什么地方，里面净是些从未穿过的衣服的话，你的搭配积极性也会降低吧。这里是我跟我丈夫共用的空间，让他毫无压力地穿戴好上班的衣装，是设计这个空间的初衷。现在，他已经不用每天问我：“那个放在哪里了？”

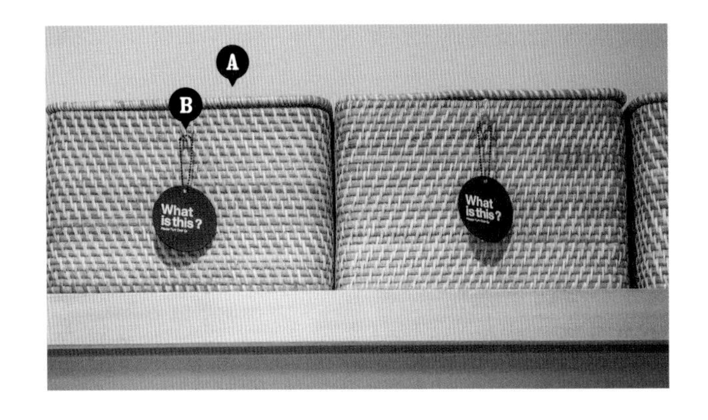

藤筐上用挂钩挂上吊牌

过季的衣物按使用者或者按类别放入藤筐。因为看不见里面的物件，所以要挂上吊牌标注。像这种贴不上标签的收纳用品可以挂上挂钩，在吊牌上写上里面放置的物品名称，找起来毫不费力。

为了防止衣服过量增加，可以配合衣架数量来管理。注意每增加一件，就要放弃一件。

使用便于装卸的多层布艺收纳袋

不太常穿的衬衫放入多层布艺收纳袋，可以防止起皱。常用的披肩和帽子也放入这里，方便取放。不太使用的包包反而要放到比较醒目的收纳袋里，以防看不到而忘记它的存在。

A 厚重的藤编筐 · 大（约 36 × 26 × 24 厘米）
B 不锈钢 S 形固定挂钩 · 大 · 2 个（7 × 1.5 × 14 厘米）
C 聚酯纤维棉麻混纺多层衬衫收纳袋（30 × 35 × 72 厘米）
D 聚酯纤维棉麻混纺多层包具收纳袋（15 × 35 × 70 厘米）

120%
活用衣橱空间

仔细分析收纳空间，认真考虑“谁的？什么东西？放在哪里？怎么放”，再决定如何放置。必须要使衣橱的所有东西一目了然。

挂上多层布艺收纳袋可以活用死角空间

步入式衣橱的挂衣架会有个十字重叠的部分，往往不方便利用而闲置。在那里挂上一个大小合适的多层收纳袋，来收纳过季的小物件，可以使死角变成有用的收纳空间。

A 聚酯纤维棉麻混纺多层小物品收纳袋（15×35×70 厘米）

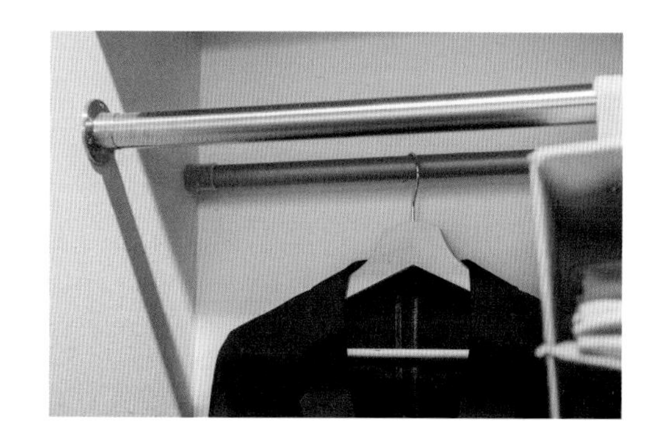

在挂衣架的后面有个小小的空间，能够有效利用这个收纳场所的是挂衣杆。哪怕只能挂上几件过季的衣服，对衣服的整理也大有帮助。

工作空间

放电脑的地方跟厨房一样，都是我的重要工作场所。孩子睡着的时候，我会一边看着他的睡脸，一边工作、学习。架子上放着一些必要的文件、教科书，以及印刷用纸等。在两边的可视区域，装饰了家人的照片、孩子写的信等，这个空间也是我最喜欢的地方之一。

B 书桌内整理盘（10×20×4 厘米）
C 书桌内整理盘（6.7×20×4 厘米）

文具装在整理盘内，放在每一处能用到的地方

剪刀、钢笔等经常使用的东西，要收入取放方便的容器里，放在每一处用得到的地方。虽然我一向认为减少物品才是舒适生活的关键，但有些东西却是多一些比较方便。

MUJI at
卫生间

严选必要物品，创造舒适空间

卫生间是开启一天生活的地方，所以我致力于把它打造成一个能让心情舒畅、高效率地度过早晨时光的空间。卫生间里零零碎碎聚集了各类基础化妆品以及各种喷雾，如果不遵守“每多一个就减一个”的原则，卫生间很快就会塞满各种东西。我的做法是最低限度保留必要的物品，全部用完之前绝不购置新的。

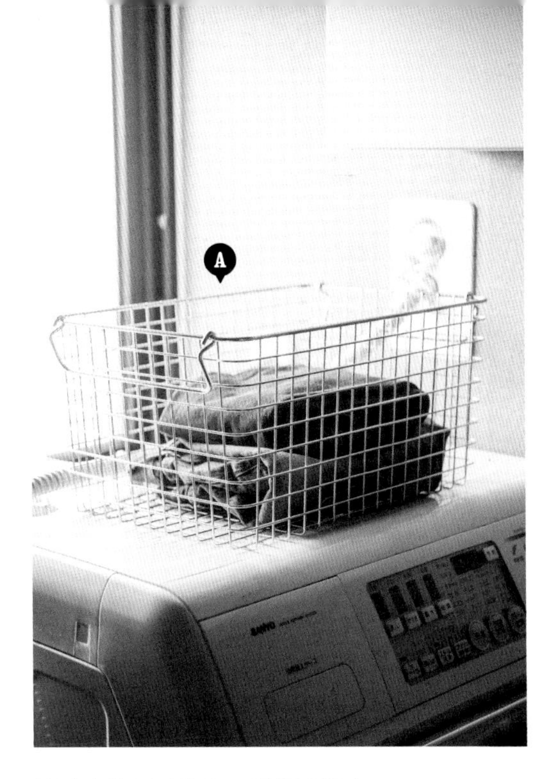

待洗衣物暂时放入不锈钢网篮内

容易褪色以及需要装在网内清洗的衣物，都可以暂时搁置在不锈钢网篮里。它透气性好，便于让人看见里面的东西，防止忘记洗涤。这种适合家庭卫生间的设计也是我中意它的原因之一。

用笔筒固定物品的位置

镜子后面的空间，用来收纳我的基础化妆品、发蜡喷雾，以及我丈夫的刮胡刀、头发摩丝等。因为空间有限，所以放在固定位置的笔筒内，防止杂乱无章。

A 不锈钢网篮（约 37 × 26 × 18 厘米）
B 塑料笔筒（约 7.1 × 7.1 × 10.3 厘米）
C 白瓷牙刷座 · 一支用（约直径 4 × 高 3 厘米）
D 白瓷盘（约 23.5 × 9.5 × 1.5 厘米）

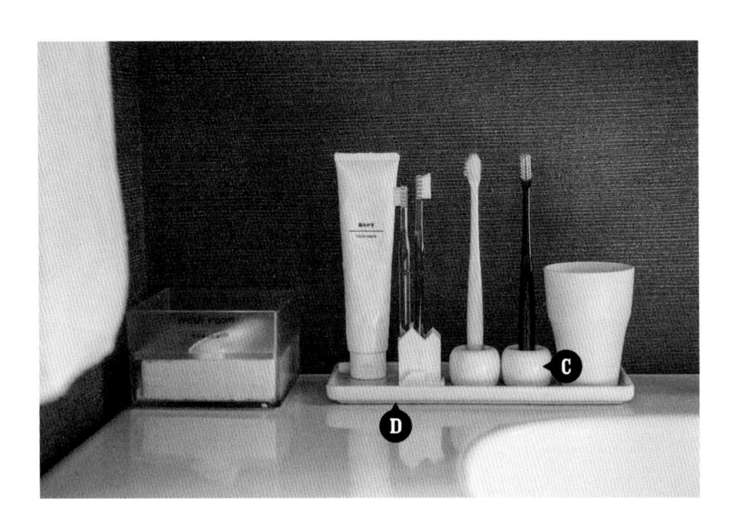

牙刷插在牙刷座里，摆放在洗脸台上

原本牙刷是放在镜子后面的，自从女儿提出："我以后可以自己取出刷牙啦"，我就把全家的牙刷都改成外置摆放了，刷完牙后擦嘴用的纸巾也就近摆放。

MUJI at 厕所

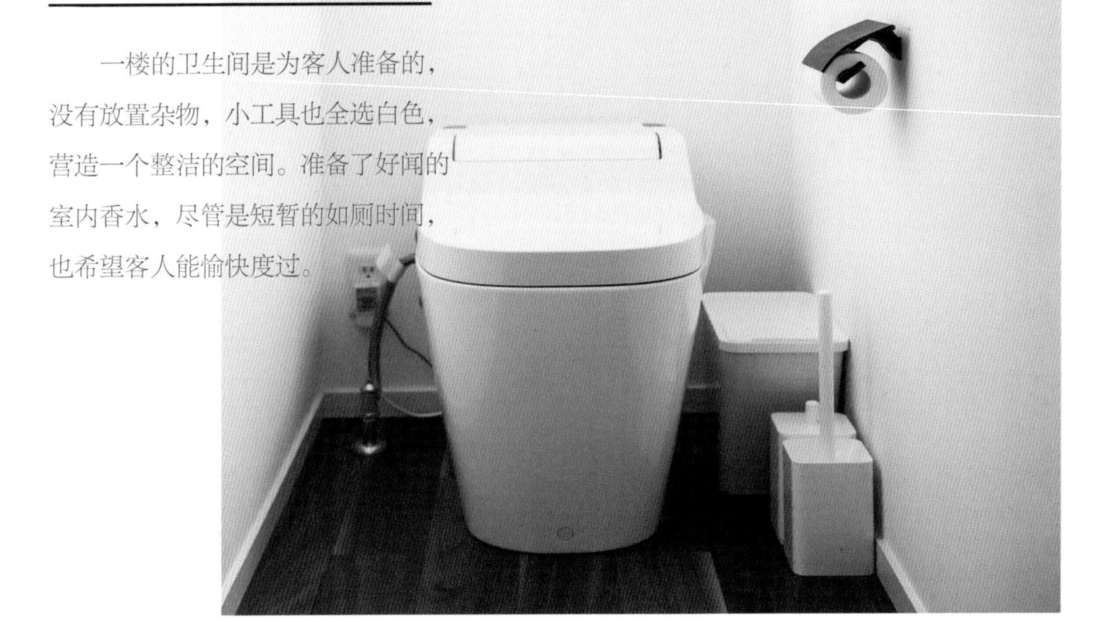

小工具全部选用白色 营造整洁安心的气氛

一楼的卫生间是为客人准备的，没有放置杂物，小工具也全选白色，营造一个整洁的空间。准备了好闻的室内香水，尽管是短暂的如厕时间，也希望客人能愉快度过。

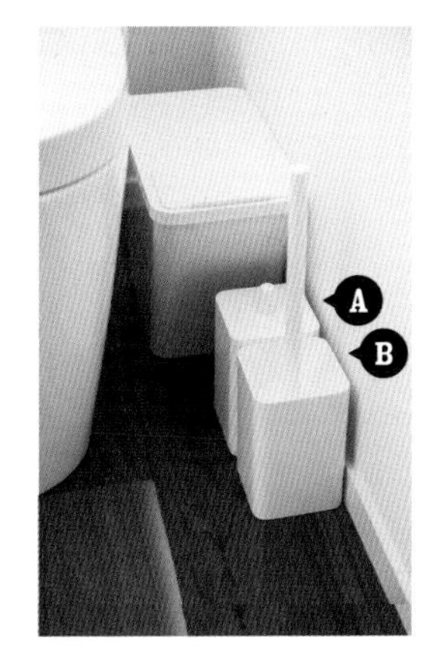

厕所用品统一使用充满清洁感的白色

白色的马桶和白色的厕刷选择了合适、不碍事的尺寸。都是四方形，摆放起来比较整齐。厕刷连边角都能轻松刷到，非常好用。

A 厕桶（约 10 × 10 × 18 厘米）
B 带桶的厕刷（约 10 × 10 × 37 厘米）

C 塑料箱（约 15×22×8.6 厘米）
D 塑料箱（约 15×22×16.9 厘米）
塑料箱隔板·大·4 枚入（约 65.5×0.2×11 厘米）
E 有机玻璃小物收纳箱（约 6.7×17.5×25 厘米）

不仅鞋子，在玄关会用到的物品都可以收纳进来，方便使用

我家的玄关，旨在营造一个舒适的空间，可以愉快地说："欢迎您来！"或者："欢迎回家！"我家的鞋柜里不光收纳了鞋子，还考虑"如果这里放上这个就方便了"、"如果在这里收纳的话会省很多劲儿"，来决定物品的收纳位置。

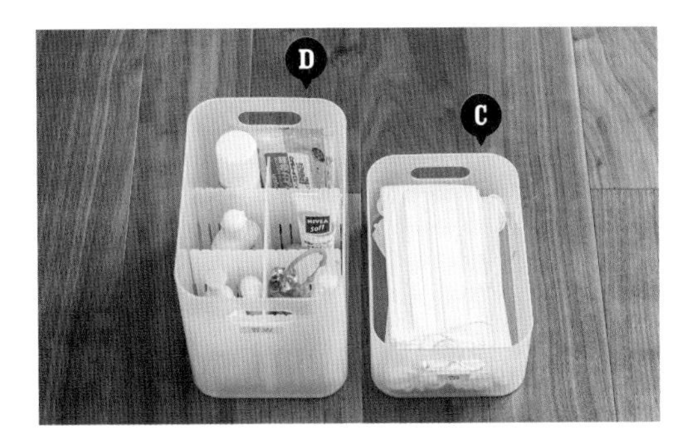

叠放塑料盒来收纳生活杂物

在我考虑会在什么地方用到什么东西的时候，"玄关"会出现数次，涉及到口罩、驱虫剂等多种物品。于是我利用便于取放的收纳用具以及叠放的塑料盒等，活用鞋柜的空间。

眼镜箱放置配饰用的眼镜

完成当天的穿着搭配之后，在玄关的穿衣镜前决定是否佩戴装饰眼镜。盒子是透明的，可以看见里面，不用花时间寻找。佩戴眼镜外出后，一回到家可以马上把它归回原位，十分方便。

保持舒适空间的整理收纳规则

对自己来说，对家人来说，舒适的空间意味着什么？不是塞得满满的房间，而是被自己喜欢的物品围绕的空间。为了营造这样的空间，改变对待物品的态度尤为重要。

经常听人说“浪费”这个词，但如果误解了这个词语的含义，就会任何东西都舍不得放手，越攒越多。应该认识到最大的浪费不是把东西扔掉，而是闲置不用。

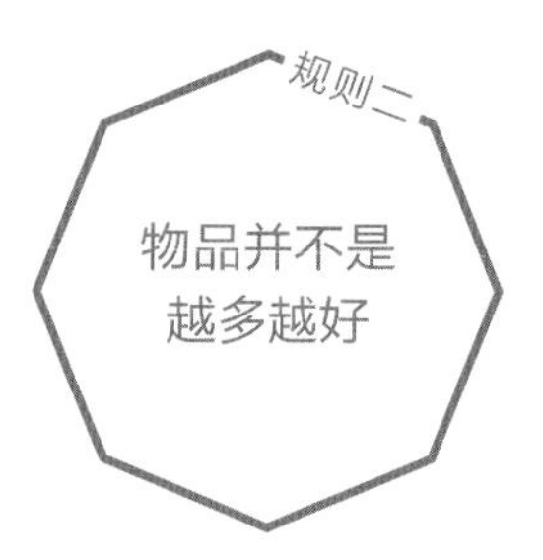

我们的生活中需要很多东西，如生活杂物、衣物，等等，缺少这些东西生活会很不方便。但是，本应使生活丰富起来的物品，有时也会给生活带来压迫感。正因为这是一个任何东西都可以入手的时代，才需要清楚自己真正需要什么。

别人不穿的衣服、各种赠品等，有时候即使不购买，这些别人的馈赠也会导致物品增加。拒绝可能会让你感到失礼，但接受却会让它们蒙尘闲置，更加失礼。在接受之前，必须判断一下自己是否真的需要。

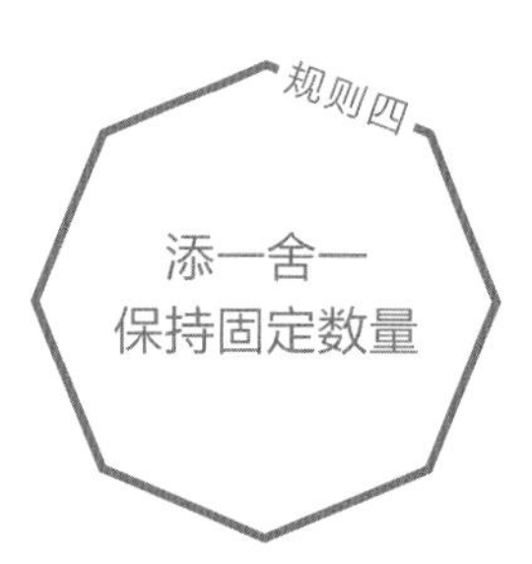

纸袋、购物袋、书、CD、衣服等东西，如果不注意消减的话，会越来越多。如果你只是把增加的部分收纳起来，总有一天会感到居住空间被挤走，生活变得不方便。要清楚知道自己家所有东西的恰当数量，要时刻谨记添一舍一的原则。

COLUMN·SCHEDULE

日渐增多的物品检查计划表

	平时	假期	其他时候
纸类	带回家后马上分类，搞清楚要废弃还是保留，关键是不要拖延。	检查孩子的书本、作业、书信等。书本的分类要跟孩子一起来做。	文件夹、抽屉等收纳用具，装满后要马上检查，养成习惯。
衣服	不穿的衣服重新搭配试穿一下，确定不想再穿的，果断放弃。	找出整季都没穿过的衣服、不合身的衣服，以及已经不适合自己的衣服。	注意买一件就扔一件，把衣服总量固定。打折季要特别注意。
日用杂货	很容易随手购买，要养成习惯，买之前考虑一下是否需要。	文具、厨房用品分类检查，甄别现在还用得着的东西。	购买还有存货的储备物资，家里很快就会被塞满。所以要养成购买前先查看的习惯。
玩具	观察孩子现在的玩具，不玩的玩具，督促他舍弃。	把所有玩具集中起来统一检查。可以用孩子能接受的语气对他说："不玩的玩具这样放着，它们多可怜啊。"	收纳箱一旦满了，要马上检查筛选。杜绝为多出来的玩具增加新的收纳用具。

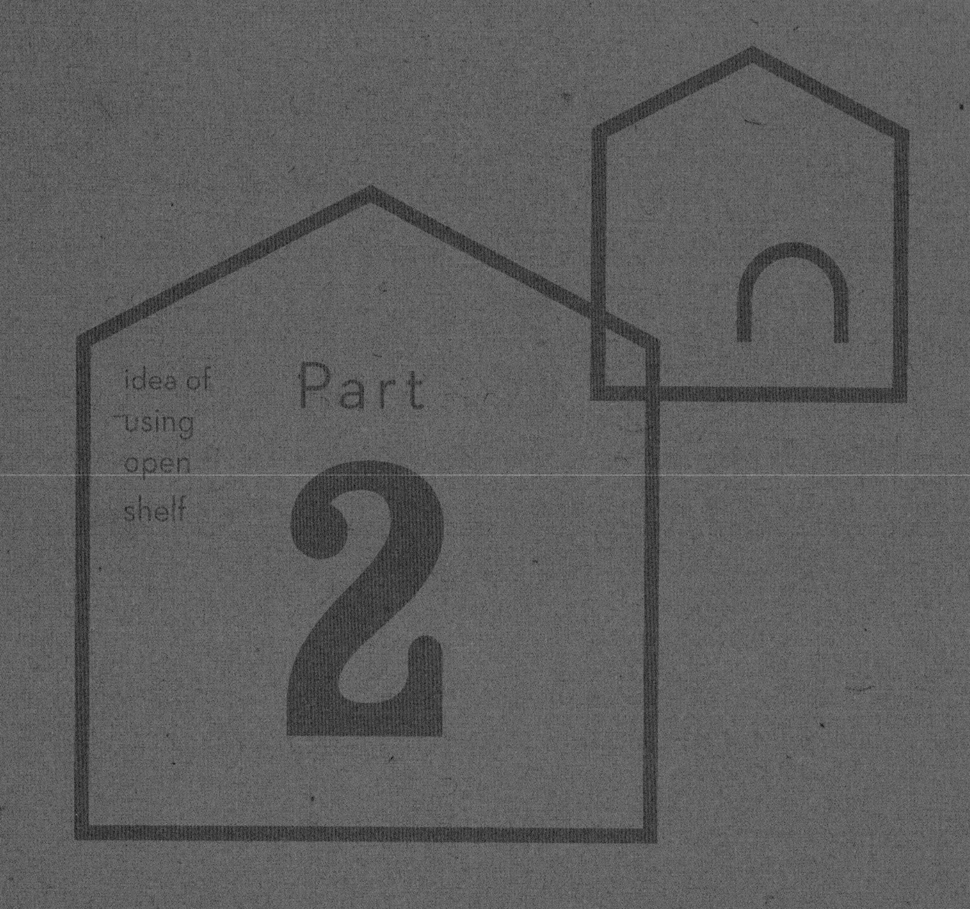

开放式博物架的收纳办法

我们家的无印良品博物架，不同的组合方式呈现不同的使用效果。
配合使用房间和使用目的，为您推荐博物架的收纳术。

使用方法 1 → 三层博物架靠墙使用

使用方法 2 → 三层博物架做屏风使用

使用方法 3 → 两层博物架在儿童房使用

使用方法 4 → 两层博物架在和室使用

三层博物架靠墙使用

这是为增加餐厅起居室的收纳量而购置的层叠式博物架。没有背板的开放式结构不会造成压迫感，我特别中意它可以自由设计搭配这一点。与工作相关的物品、女儿上学的用品、全家公用的物品等生活必需品，全部收纳在内。使用抽屉、盒子、统一的文件夹，将零零碎碎、种类繁多的物品整齐地归置起来。

7	4	1
8	5	2
9	6	3

[收纳物品的清单]

1. 工作用品、文具
2. 女儿的学习用品
3. 电视游戏机
4. 纪念品、铅笔刀
5. 女儿的课本
6. 邮政用品、工作相关物品
7. 工作相关的文件
8. 女儿的绘画用具
9. 工作及学习的纸类印刷品

靠墙使用的使用窍门

显眼的位置设置成温馨的一角

贴上女儿画的全家福，在白色墙壁上营造画面感，使每天忙碌的生活都有片刻的温馨。

使用抽屉，增加收纳量

在这个位置使用专用抽屉来增加博物架的收纳量。将零碎而繁多的东西，整齐收纳。

纸类的收纳秘诀是：马上分类

使用文件盒以及双孔文件夹来整理收纳每天都在增加的文件、信件等。注意这些东西一拿回家，就要立刻进行分类。

三层博物架做屏风使用

开放式博物架不仅可以用来收纳，还可以用来分割空间。在保持宽敞空间感的同时，轻松将房间分割成两个区域。餐厅一侧是孩子们尽情玩耍的娱乐场所。书信用具、彩色铅笔等，都放在醒目的地方，孩子们取放会很轻松。放入文件盒的书，使书背朝向餐厅侧，孩子们不用费力寻找，取放都很方便。还可以把孩子们的绘画作品作为装饰，营造欢乐的家庭空间。

7	4	1
8	5	2
9	6	3

[收纳物品的清单]（从起居室一侧看）

1. 杂志、CD、清扫用具
2. 文件、书信、文具
3. 毯子
4. 观赏植物、小物品
5. 日历、艺术品等
6. 遥控器等小物品
7. 领带、眼镜等
8. 绘画本等
9. 电视游戏机

起居室一侧可以活用篮筐和文件盒，有意识地设计简洁美观的搭配。正中央博物架专用的门扉上可以装饰漂亮的图片引人注目。

留出视线通道，轻松分割空间

合理地设计物品以及杂货的摆放位置，留出一定视线通道，把餐厅和起居室分割成没有压迫感的整齐空间。

把博物架作为餐厅起居室屏风的使用窍门

有目的地制订收纳计划

餐厅一侧 →

餐厅一侧的收纳以方便为主，文具等放在马上可以拿到的位置。后面可以摆放文件盒，这样从起居室一侧来看，就会显得比较整齐。

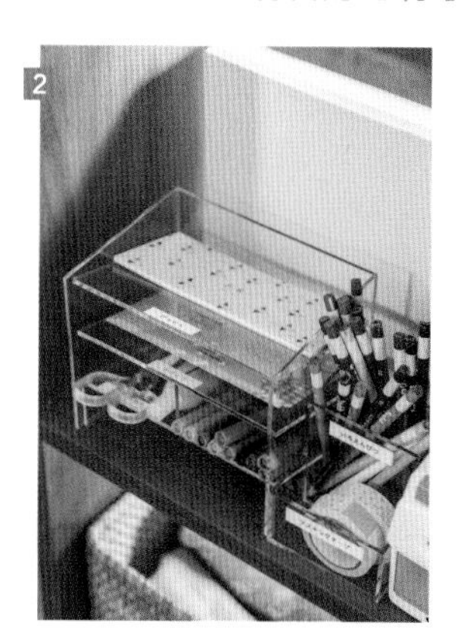
2

2

← 起居室一侧

可以用文件盒把零零碎碎的文具类遮挡起来。没有背板的博物架，两边可以采用不同的摆放方式，呈现不同的外观。

餐厅一侧 →

餐厅一侧设计成家人赏心悦目的小角落，可以摆放家人的照片、孩子的作品等多种物品，而起居室一侧装有窗扇，看上去依然很整齐。

5

5

← 起居室一侧

装上博物架专用的小拉门，以图片装饰，营造画面感，从起居室一侧望去，与室内环境浑然一体。

搭配小窗扇来收纳

餐厅一侧 →

起居室一侧放置收纳物品，餐厅一侧装上小拉门，贴上孩子们的绘画作品，兼顾收纳与美观。

7

7

← 起居室一侧

这里放置我丈夫早上搭配的领带、手帕、眼镜，以及我的首饰等。放在首饰盒里，可以一目了然。

摆上文件盒，整齐清爽

餐厅一侧 →

孩子们的书、学习技艺用的小包等放入文件盒收纳，文件盒背朝向起居室一边，方便孩子们取放。

8

8

← 起居室一侧

即使文件盒内收纳了各种杂物，从起居室一侧来看依然很整齐。要灵活决定文件盒的朝向。

两侧都可以取出的收纳

两侧可取 →

毯子、抽纸等餐厅和起居室都会用到的物品，放入藤筐内。从两侧都可以取出，很方便。

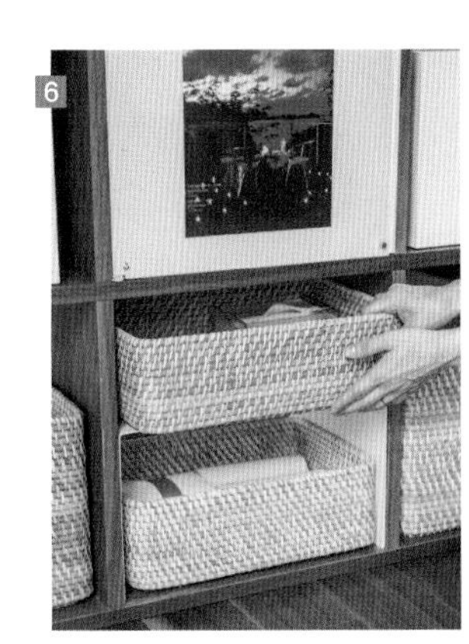
6

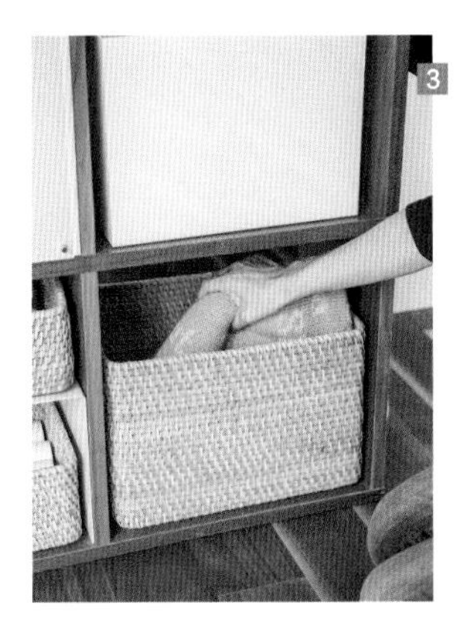
3

收纳了这些东西！

领带卷起收纳，手帕按格子大小叠好摆放。选用透明的首饰箱，可以马上找到自己需要的物品。

把有机玻璃箱内使用的丝绒内盒分开，作为小物品搁置台。我和丈夫每人一个，专门用来放置钥匙及记事本等。

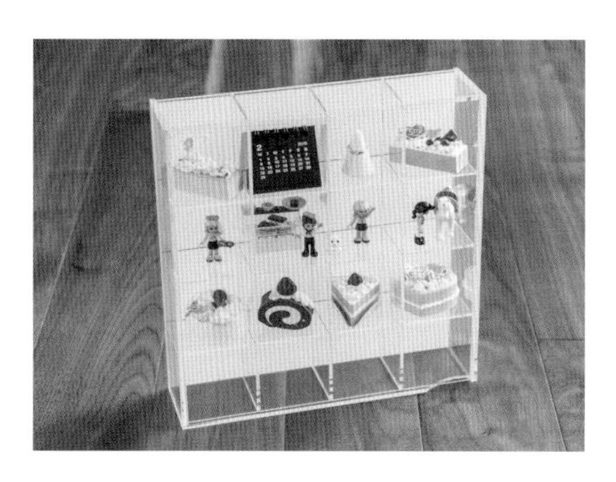

玻璃小箱陈列孩子们的作品，并由他们来决定摆放的布局。让他们自己展示作品，也能提高孩子们的整理意识。

游戏机、盖毯等放在藤筐内。我特地选了矮一点儿的藤筐，这样不用把它拖出来就可以伸手拿到里面的物件。

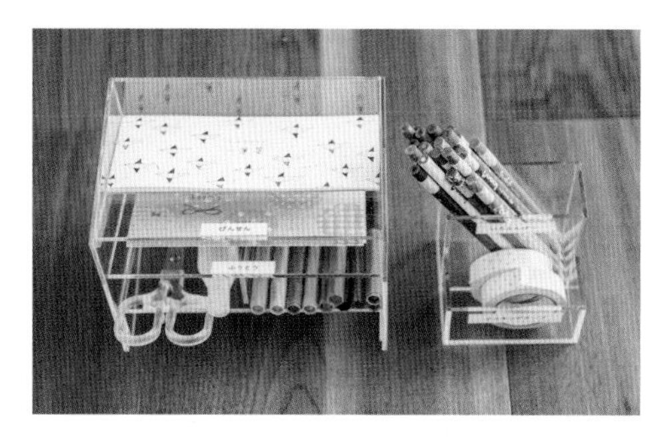

为了使孩子们取放方便，要注意他们的物品不要放在抽屉或拉门里。

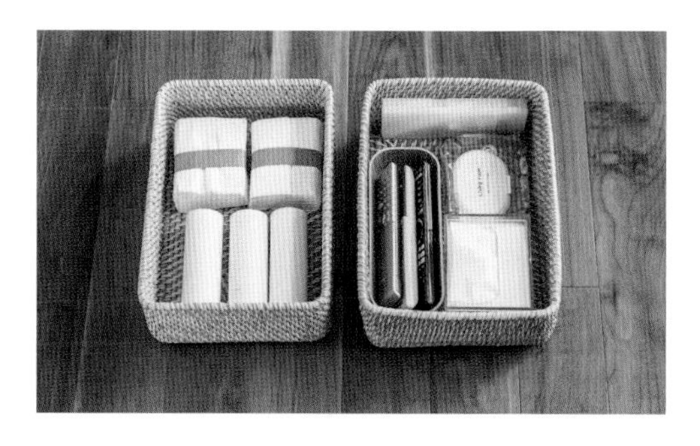

遥控器、抽纸等放在藤筐内，这样可以整体搬运，然后把它们放到方便取用的地方。

使用的收纳用具是这些！

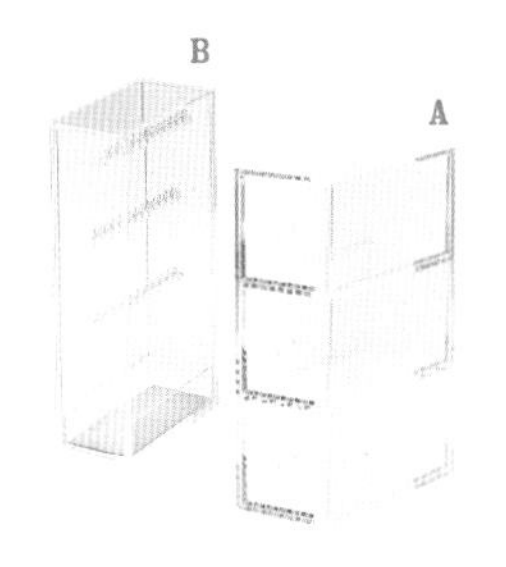

A 有机玻璃小物收纳箱·三层（约 8.7×17×25.2 厘米）
B 有机玻璃项链、耳环收纳盒（约 6.7×13×25 厘米）

首饰、眼镜等饰品放入透明的有机玻璃箱内收纳，这样可以直接看到里面的东西，不用费时间寻找。

有机玻璃箱内的丝绒内盒·纵向·灰色（约 15.5×12×2.5 厘米）

柔软的丝绒质地，而且分为两格，作为钥匙、手表等外出物品的托盘，最合适不过了。

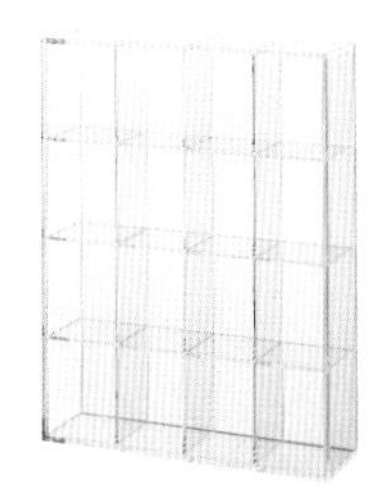

背景透明的有机玻璃陈列箱·4×4 格（约 27.5×7.2×34.7 厘米）

用来陈列戒指、孩子的作品、小日历等小物件最合适。箱式的结构，还可以防尘。

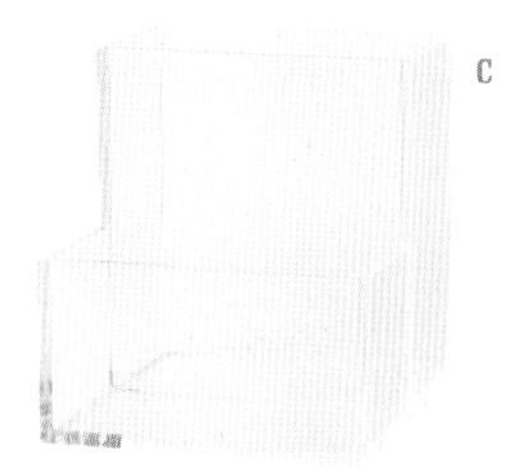

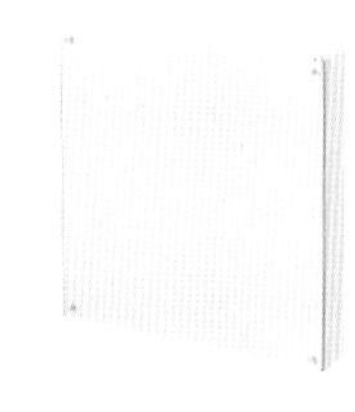

C 有机玻璃小物搁台·小（约 8.8×8.8×9.5 厘米）
D 有机玻璃小物柜·大（约 17.5×13×14.3 厘米）

使用频率高的物品，以及孩子的物品，比如笔、小记事本等，放在伸手可以马上拿到的收纳容器里比较方便。

博物架用小拉门·有机玻璃·1 枚（约 6.7×13×25 厘米）

营造清爽空间的博物架专用小拉门，可以把充满生活气息的杂物隐去，上面可以夹放照片、图片等。

硬纸盒·带盖式（约 25.5×36×32 厘米）

防尘容器，可以把用途一致的东西归置进去。轻便结实，带有搬运口，孩子也能使用。

厚重的藤编筐·大（约 36×26×24 厘米）

自然风的手工藤编筐，适合起居室、和室以及儿童房，我家各处都有它的身影。

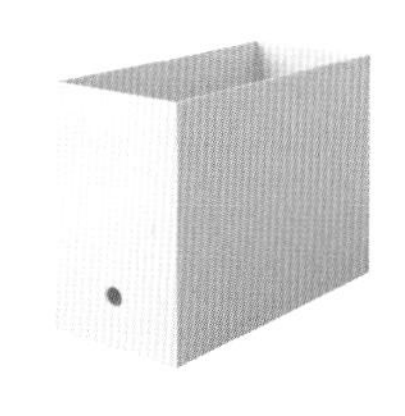

塑料文件盒·宽·A4 用·浅灰（约 15×32×24 厘米）

这样的尺寸不光可以用来装书，烹饪用具、生活杂物等都可以用它来分类收纳，外观也干净整洁。

两层博物架在儿童房使用

儿童房推荐使用可以伴随孩子成长、长期使用的双层叠放式博物架。随着孩子长大，他们所持的物品会有所改变，儿童房也要添置书桌、床等家具。这种博物架可以配合空间，横向纵向都能自由摆放。现在这里摆放着我女儿最喜爱的玩具，是房间里最亮丽的一角。

5	3	1
6	4	2

[收纳物品的清单]

1. 孩子的作品
2. 动漫卡片册
3. 喜爱的玩具
4. 经常使用的包
5. 心仪的小物件
6. 清扫用具、纸抽

博物架在儿童房的使用窍门

作品摆在显眼处

孩子的作品不要收起来，要摆放在显眼的位置。自己的作品成为房间装饰的一部分，孩子会很开心。

下层使用大容量的收纳箱

经常使用的包不要放在壁橱里，而是放在博物架上。箱子不要太高，以便可以毫不费力地拉出。

垫上托盘，易于抽拉

零碎的东西分在四个化妆盒内收纳，为了方便放在最里面的东西也能轻松取出，可以把盒子放在托盘上。

两层博物架在和室使用

和室现在用来照看两岁的儿子，我的梦想是将来可以在和室内工作和放松。想象着那一天的样子，我尝试摆放了一个这样的博物架。这个架子进深很浅，即使横向摆放也不会显得太高，没有压迫感，适合比较狭小的空间。使用盒子和托盘把一些必需品收纳进去，让它成为一个内有乾坤的空间。

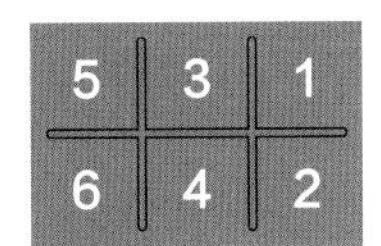

[收纳物品的清单]

1. 工作用品、信笺
2. 投影机、笔记本电脑
3. 茶具、点心
4. 与工作有关的文件、书
5. 热水壶、纸抽
6. 工作用具

博物架在和室的使用窍门

用格形托盘来收纳必需的文具

架子上面摆上绿色植物以及照片等，营造温馨感。经常使用的文具放在托盘里，随手就能拿到。

用双层托盘把空间一分为二

利用双层托盘把信笺等小物件放入格子里。配合电脑的收纳位置，把充电器也放在里面。

使用带盖的收纳盒

工作所需的工具全部收在盒子里，可以利用盒子上面的空间摆放笔记本电脑，还可以在这里充电。

即兴的喝茶时间

把茶具、点心、盘子、抹布等收在一处，在工作之余或有客来访时，可以随时泡茶。

可以就地烧开水，很方便

在茶具的旁边备有热水壶，即使不去厨房也可以烧开水。结合插座的位置来决定它摆放的地方。

收纳的物品有这些！

偶尔使用的油性笔、荧光笔等，要跟经常使用的笔分开来摆放。同样是笔，如果按照使用频率和使用目的来分别放置，会提高工作效率。

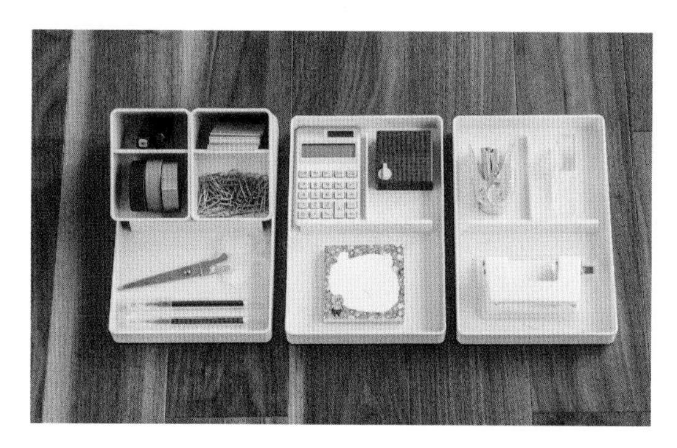

笔、计算器、卷尺等使用频率较高的物品全部放在托盘中收纳。因为托盘有分格，可以按格子来放置，明确各自的位置。

茶壶、茶杯、放点心的小盘子都放在同一托盘上，这样所有茶具可以随托盘一起移动位置，非常便利。

点心、茶叶、抹布等一起放入有机玻璃盒子里。和室用的点心和茶叶的数量以盒子容量为准，不宜过多存放。

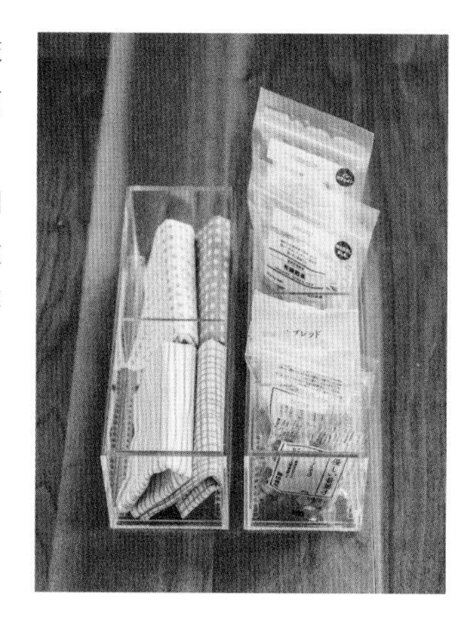

两个托盘组装起来使用可以有效地分割上下空间。上层可以放置信笺、邮票等，下层放置工作相关的资料、电脑充电器等。

工作用品全部放入盒子里，加上盖子既可以防止灰尘，也可以用来搁置笔记本电脑或书籍等。

使用的收纳工具有这些！

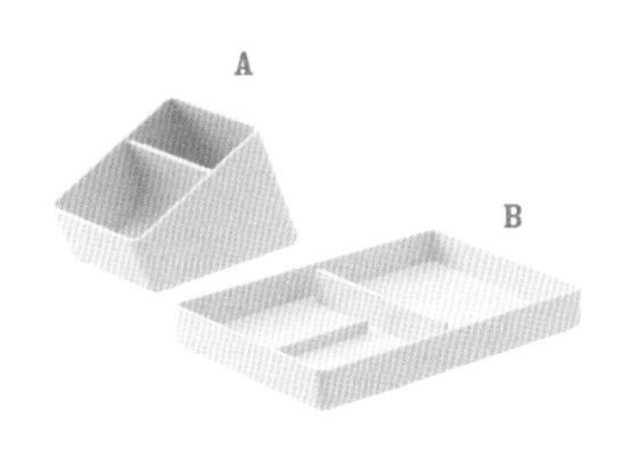

A ABS 树脂笔筒·小物品搁置台（约 8.1×11 厘米）
B ABS 树脂分格托盘（约 16×24×2.9 厘米）

办公桌使用的各种零碎的文具，推荐使用搁物台和托盘来收纳。带有分格，可以把小物品分别放到固定位置，方便管理。

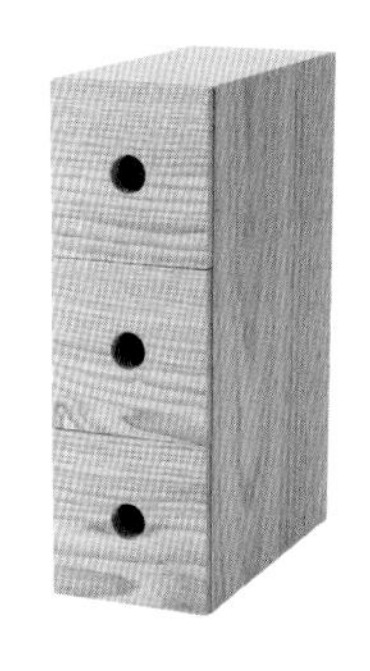

中密度纤维板小物收纳抽屉·3 层（约 8.4×17×25.2 厘米）

横向纵向都可以任意摆放的小抽屉，进深不大，使用之前考虑好要收纳的物品。

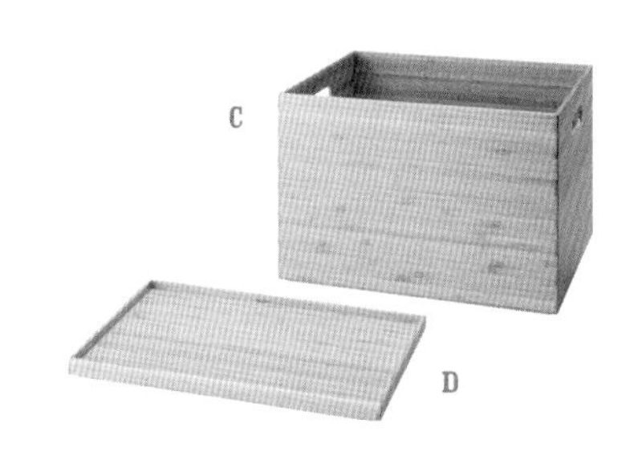

C 长方形竹板箱（约 37×26×24 厘米）
D 长方形竹板箱盖（约 37×26×2 厘米）

随时间流逝，结实坚固的竹材的颜色会呈现更有格调的深色。盖子外周略微高起，可以作为收纳场所使用。

聚酯纤维棉麻混纺软箱·长方形·中（约 37×26×26 厘米）

内侧加了树脂涂层的结实软箱，轻便好用，不用的时候可以折叠缩小。

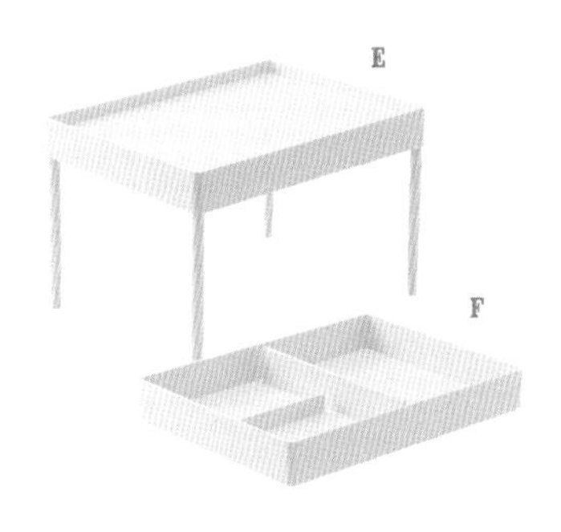

E ABS 树脂带腿分格托盘（约 24×32×4.2 厘米、腿高约 19 厘米）
F ABS 树脂分格托盘（约 24×32×4.5 厘米）

两件组合起来会使收纳量大增。可以立体地利用空间，使有限的空间更有效率地发挥收纳功能。

塑料箱（约 15×22×8.6 厘米）

可结合空间大小随机应变地使用，整齐地并排摆放或叠放都可以。易于清洗，放置易沾污的物品也 OK。

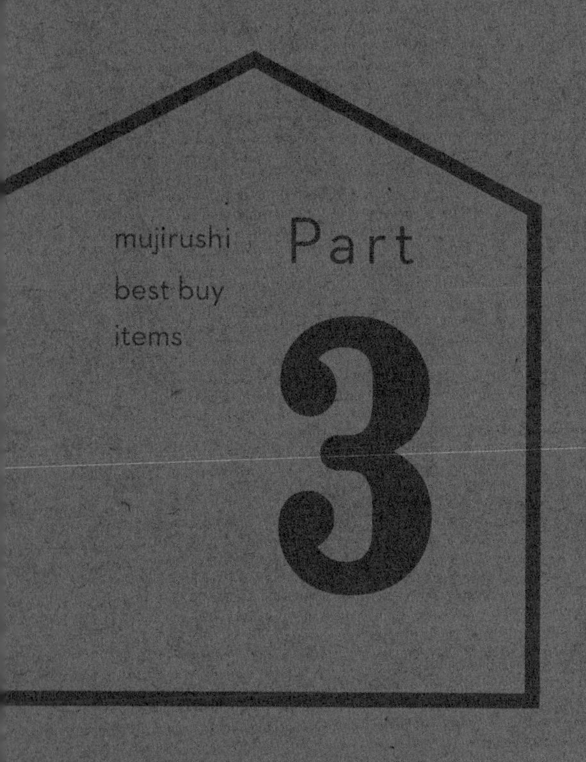

无印良品
最佳收纳工具

在众多无印良品的收纳工具中，
哪些是可常年使用的心爱之物？哪些是使用频率最高的物品？
梶谷家最受欢迎收纳工具大公开！

No.1 塑料箱

No.2 厚重的藤编筐

No.3 抽屉式塑料收纳箱

No.4 高度可调的无纺织布盒子

No.5 聚酯纤维棉麻混纺软盒

No.6 塑料文件盒

No.7 塑料整理盒

No.8 有机玻璃分隔台

No.9 透明封口袋

No.10 书桌内整理盘

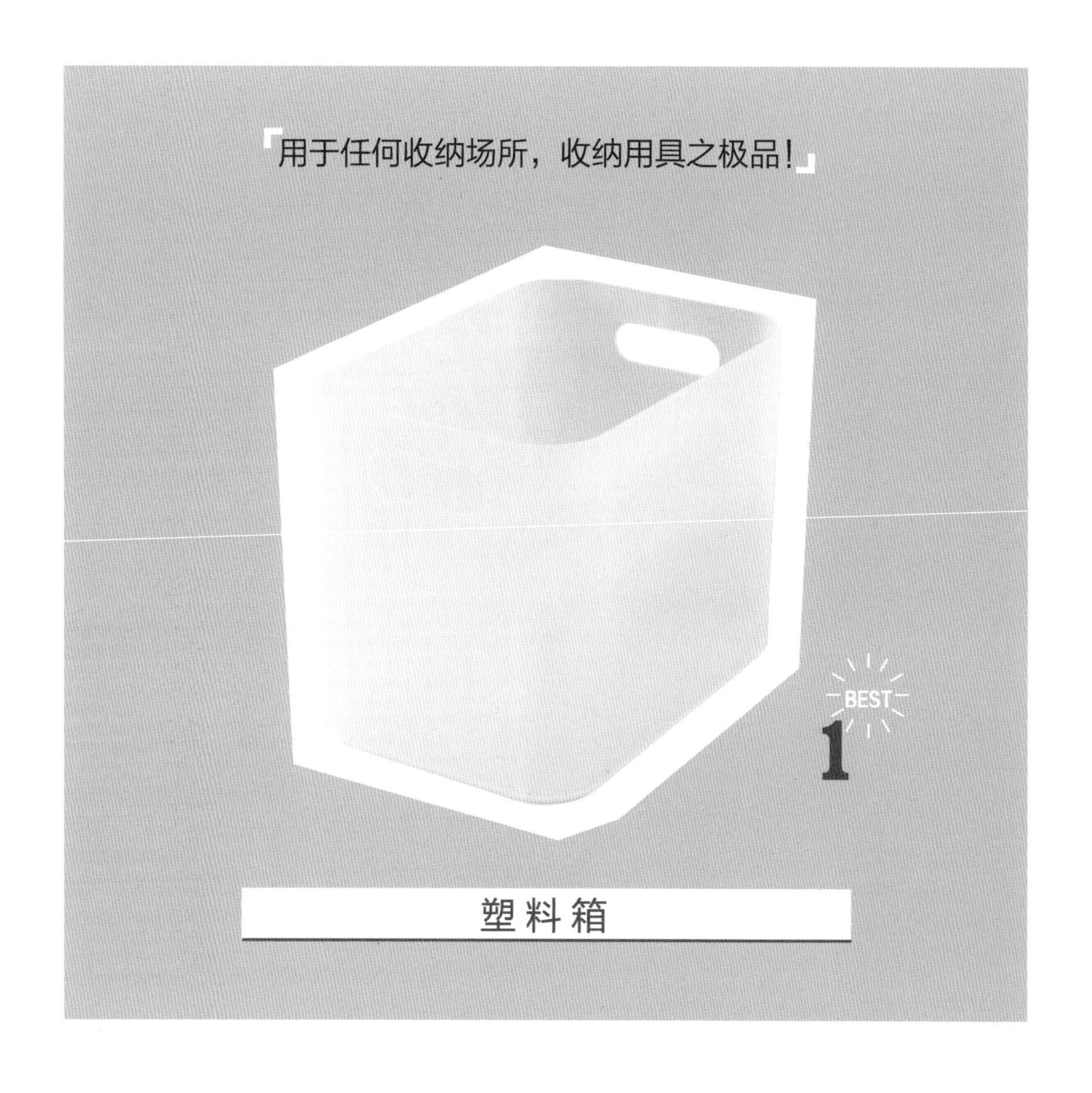

无论是在厨房、儿童房，还是洗手间，都能大显身手的塑料箱。在厨房可以用于收纳零碎杂物，儿童房可以用来装玩具，洗手间及卫生间可以收纳清扫用具。

这种收纳用品出镜率高的原因是：可以叠放使用。即使没有横向摆放的空间，也可以纵向叠放来节省空间。而且横向摆放时也可以紧靠在一起，整齐排列，不浪费空间。

塑料箱不仅轻便结实，而且箱身呈半透明状，可以看见内装物品，用起来得心应手，这也是它的优点之一。

一字摆开的收纳用具，整齐美观

利用橱柜的进深，在最里面整齐摆放一排盒子。为了方便外侧的物品取放，盒子里盛放的是使用频率较低的物品。

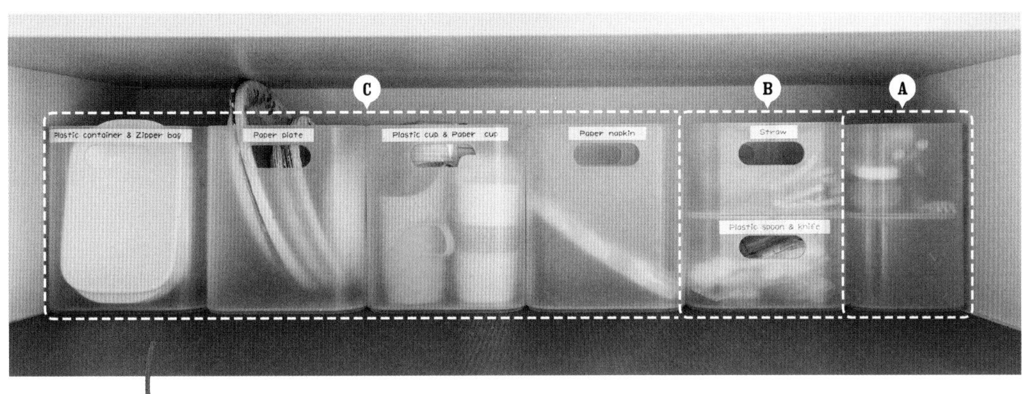

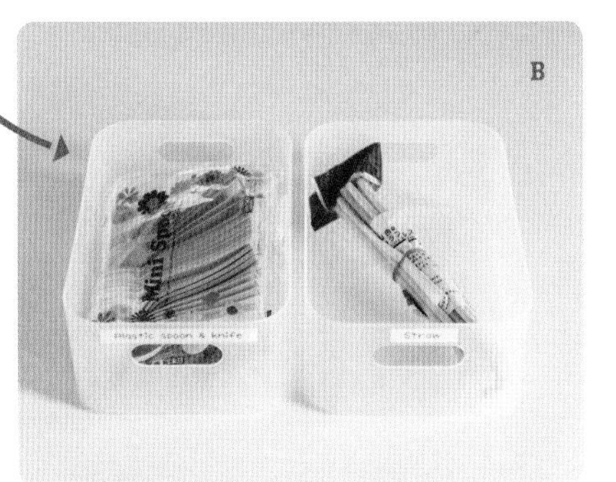

孩子的朋友来做客时使用的塑料勺、叉子、吸管等收在里面。

双层叠放的盒子，其中一个放两岁的儿子外出使用的叉子、勺子，以及以后会用到的筷子等餐具，另外一个备用。

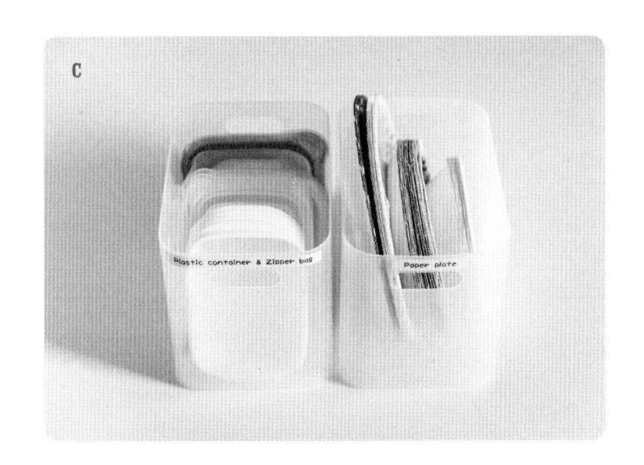

各类易增多的保鲜盒收在这个盒子里，仅保留可容纳的数量即可。把盖子揭去，可以缩小所占体积。聚会用的纸盘也收在这里。

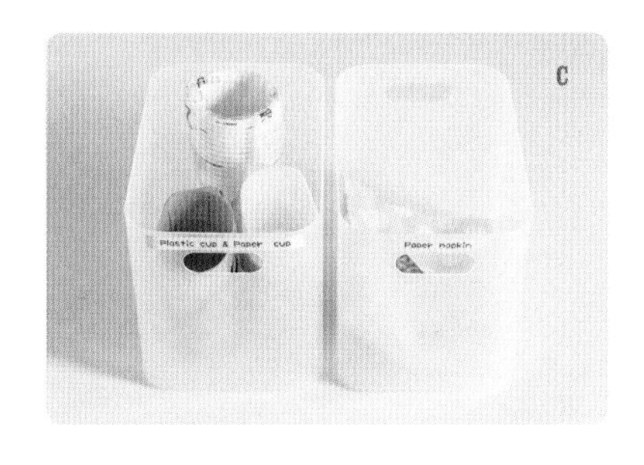

孩子的朋友来做客时使用的水杯、餐巾纸等分类收纳。

A 塑料箱（约 15×11×8.6 厘米）
B 塑料箱（约 15×22×8.6 厘米）
C 塑料箱（约 15×22×16.9 厘米）

USING PLACE@ 儿童房

大抽屉也可以方便使用!

东西放入过多会显得凌乱不堪的大抽屉，可以用四个塑料箱分成四个收纳空间，来收纳零碎的物品。

A 塑料箱（约 15 × 22 × 16.9 厘米）

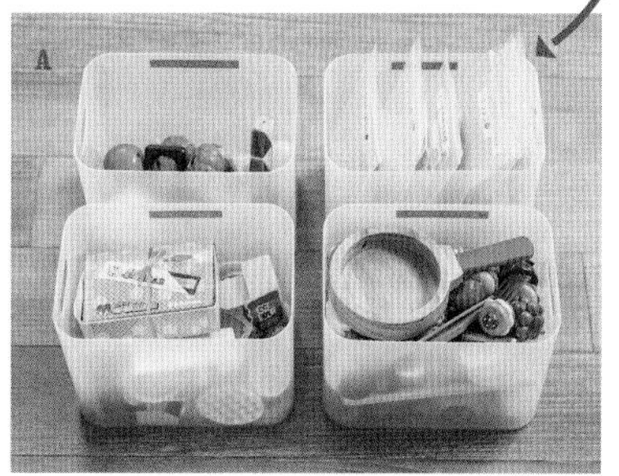

把玩“寿司店”游戏和过家家做饭用的游戏道具，按类别收纳。盒子带有把手，孩子自己也可以轻松取出。

下面加上一个托盘的话，孩子也方便取放

四个盒子下面垫着的是一个托盘。把托盘整个抽出来，手不容易够到的里侧盒子里的东西，也能轻松取放。

B 塑料箱（约 15 × 11 × 8.6 厘米）

饰品、玩具化妆品，以及在游乐场的寻宝活动中找到的石头等，按照女儿自己决定的分类，分别放入盒子里。

干发器、梳子、理发器、充电器等配套用具放在一起收纳。干发器的大小结合塑料箱的尺寸选购。

USING PLACE@ 卫生间

放入盒子，取放方便

经常使用的物品放在抽屉靠外的位置，可以整个取出，非常方便。标签贴在内侧，这样可以从上面看到。

C 塑料箱（约 15 × 22 × 8.6 厘米）

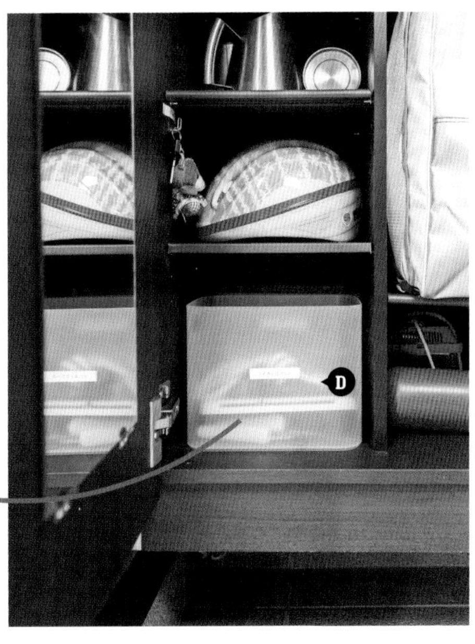

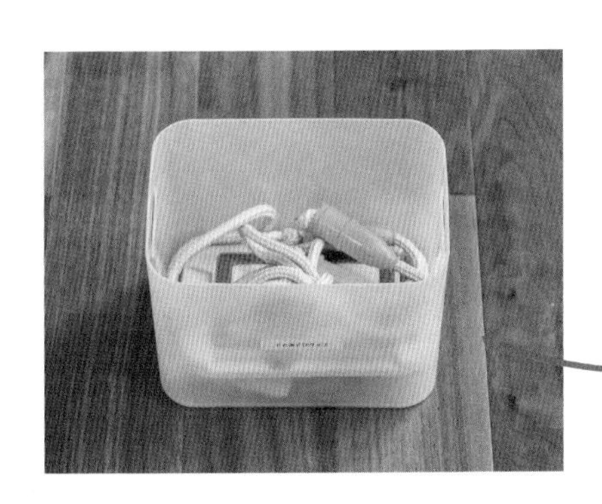

户外玩耍用具一并放入较深的塑料箱，因为箱体透明，里面放了些什么，孩子们可以一目了然。

USING PLACE@ 玄关

易沾污的用品，推荐使用方便清洗的收纳用具

塑料箱在玄关也能派上用场，脏了也好清洗，可以盛放跳绳等户外用品。

D 塑料箱（约 15 × 22 × 16.9 厘米）

藤编筐的设计适用于任何房间，在和室、起居室、寝室、儿童房都可以使用。用完一次后，还可以另作他途循环使用，跟无印良品的家具非常合拍。

各种尺寸都有，可以结合收纳的物品选择任意大小，这也是使我满意的地方。浅一点的可以放在沙发下，深一点的可以在和室和寝室使用。

叠放使用也不会出现尺寸偏差，需要防尘的物品可以加上盖子使用。总之，藤编筐可谓万能收纳用具。

USING PLACE@ 起居室

可以放入沙发下的狭小空隙

我在沙发下并排放置了两个浅口的藤编筐，这样坐在沙发上就可以随手取到。筐上带有拉手，方便拖拉。

A 带拉手的藤编筐 · 可叠放式（约 15 × 22 × 9 厘米）

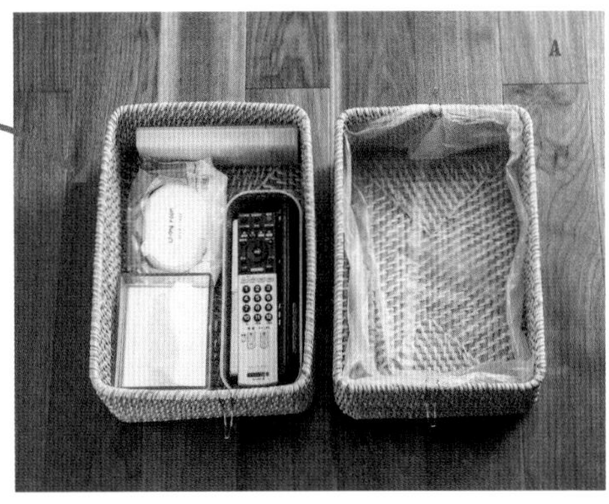

左边的筐内盛放遥控器、纸抽、体温计等。另外一个套上塑料袋，做垃圾箱用。

美丽的外观也是优点之一

沙发对面带玻璃门的电视柜，也是我特别留意的收纳处。使用藤编筐的话，会有完美的装饰效果。

B 厚重的藤编筐 · 小（约 36 × 26 × 12 厘米）

为了便于随时给孩子们录像，录像机和充电器放入藤编筐内，收到电视柜里。放在这里连接电视也方便。

里面收纳儿子的尿不湿，从包装袋内取出，跟擦拭湿巾放在一起。提前从包装袋取出的话，用的时候就很方便了。

USING PLACE@ 和室

好用又美观！

藤编筐不仅可以用来收纳，也可以作为装点房间的饰物。内装物品不方便示人的话，盖上盖子就可以安心了。

A 厚重的藤编筐 · 大（约 36 × 26 × 24 厘米）
厚重的藤编筐盖（约 36 × 26 × 3 厘米）

USING PLACE@ 步入式衣橱

盖上箱盖，遮挡灰尘

在衣橱上部放置的藤编筐，盖上盖子可以遮挡灰尘。并列摆放，可以漂亮美观。当然，也可以叠放使用。

B 厚重的藤编筐 · 大（约 36 × 26 × 24 厘米）
厚重的藤编筐盖（约 36 × 26 × 3 厘米）

藤是一种透气性良好的材料，建议用来收纳过季的衣物。把帽子放在里面也不用担心变形。

挂衣杆上方架子上的藤编筐内，放入了过季的家居服。为了能一目了然，把衣服侧立起来收纳。

C

颜色杂陈的衣橱也会整齐划一

挂衣杆的衣服下面，也可以放上藤编筐，做成一个理想的收纳场所。藤编筐要跟架子上面的统一起来。

C 厚重的藤编筐 · 大（约 36 × 26 × 24 厘米）
厚重的藤编筐盖（约 36 × 26 × 3 厘米）
D 厚重的藤编筐 · 方型（约 36 × 36 × 24 厘米）

USING PLACE⑥ 步入式衣橱

D

衣服下面的藤编筐内可放置熨斗、晾衣架等。在衣帽间需要熨烫衣服，把熨斗放置在这里最方便。

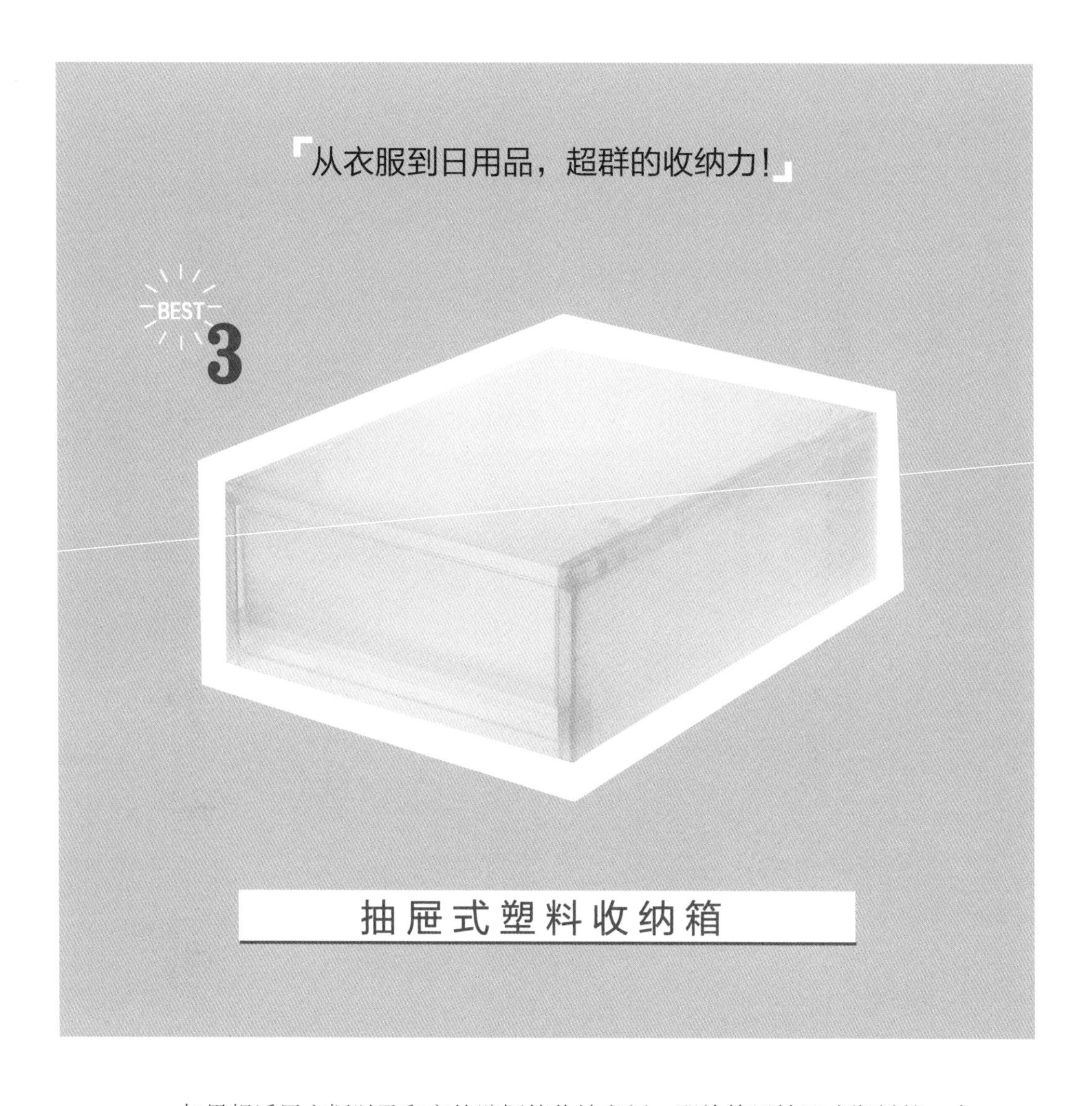

如果想活用衣橱以及和室的壁橱等收纳空间，那就使用抽屉式塑料箱。由于尺寸比较多样化，建议在明确要在哪里使用、打算内置什么物品的前提下，对使用场所的宽度、进深、高度进行精确测量，画出图纸后，再进行购买。画出图纸的时候，你就会发现一些诸如：这里再放一个矮箱也可以，这里使用再大一码的收纳用具也没关系之类的信息。

在衣橱里使用抽屉式塑料箱，要注意结合正面的横宽来选择尺寸。如果只把内侧的宽度计算在内而忽略橱门的厚度的话，抽屉容易拉不出来。

工作中使用到的整理收纳物品整理到一个抽屉里。偶尔才会用到的清洁喷雾等，放在高处的抽屉内，用隔板间隔开，竖放在里面。

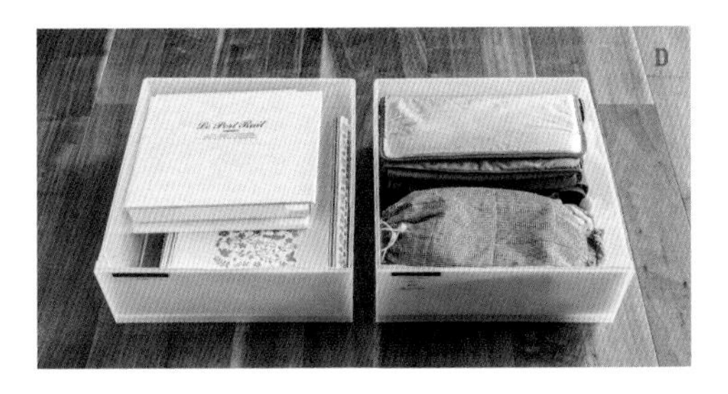

壁橱左侧放置相册、冰盒、浴花等生活杂物。不需要频繁取放的物品，可以放在上层。

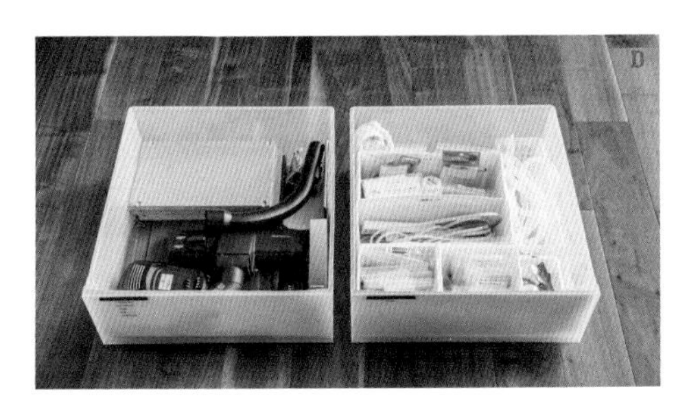

靠近壁橱门把手一端的位置，是壁橱内最易于取放物品的位置。在中段可以放置吸尘器部件以及灯泡等使用频率较高的物品。

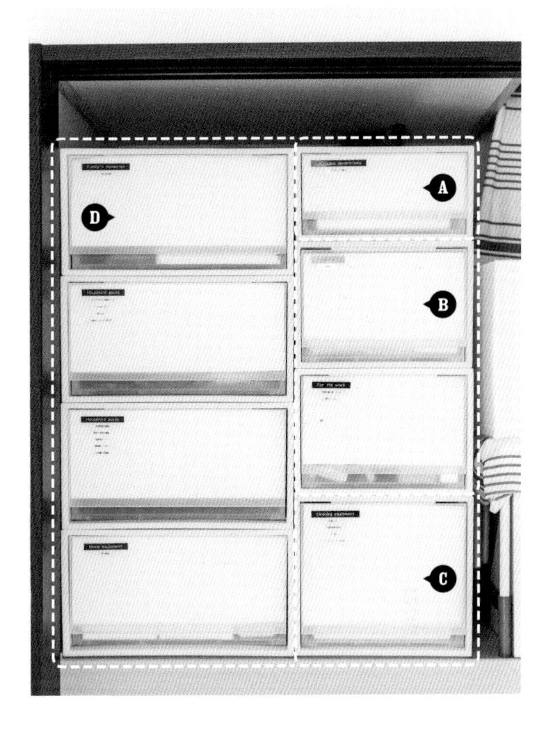

充分利用壁橱的进深

进深很大的壁橱，可以分割为里外两个空间，外侧放一个进深较浅的抽屉式整理箱，里侧放置一些一年只需要用到一次的物品。

A 抽屉式塑料收纳箱 · 小（约 34 × 44.5 × 18 厘米）
B 抽屉式塑料收纳箱 · 中（约 34 × 44.5 × 24 厘米）
C 抽屉式塑料收纳箱 · 深（约 34 × 44.5 × 30 厘米）
D 抽屉式塑料收纳箱 · 大（约 44 × 55 × 24 厘米）

USING PLACE@ 和室

手不容易够到的最上层抽屉，放置圣诞杂货等一年只用数次的物品。它的下一层可以用来暂时搁置那些一时无法决定是否要舍弃的物品。

USING PLACE@ 楼梯下收纳处

变狭小空间为大容量收纳处

楼梯下收纳处的特点是高度不高，而且深处的东西难以往外拿。因此要把抽屉拉出时需要的空间也考虑在内，精确收纳用品的尺寸。

A 抽屉式塑料收纳箱 · 中（约 34 × 44.5 × 24 厘米）
B 抽屉式塑料收纳箱 · 深（约 34 × 44.5 × 30 厘米）

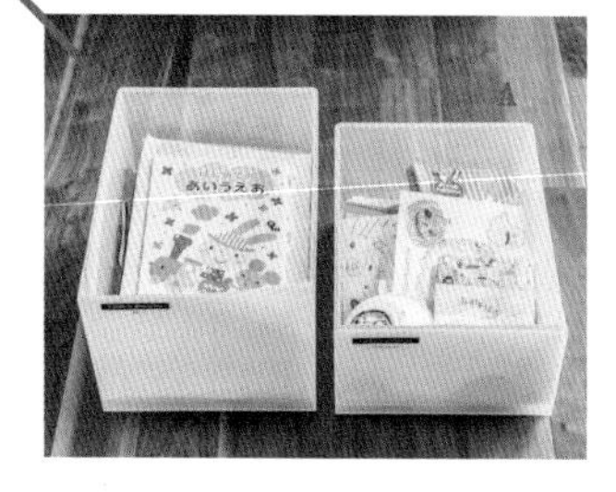

女儿上幼儿园时的作品，都收纳在这个抽屉里，由她自行整理。不要了的作品全部拍照留底保存。

孩子的作品展示一段时间后，就归置到抽屉里，每学期末更新一次。凝聚了全家人共同回忆的纪念物品，也放到专用的抽屉里。

USING PLACE@ 儿童房

适合衣橱的进深

衣橱内的抽屉放的都是儿子的衣服，能挂起来的衣服还很少，抽屉可以摞起来放置。

C 抽屉式塑料收纳箱 · 横宽型
（约 55 × 44.5 × 24 厘米）

体操服、帽子、袜子等小衣物叠成小块分类收纳。侧立起来摆放的话，内装物品可一目了然。

把衣服和杂物分放在不同的抽屉里

女儿的衣橱里，也在悬挂衣物的下方放置了抽屉式收纳箱来增加收纳容量。根据衣橱宽度，搭配使用两种收纳箱。

D 抽屉式塑料收纳箱 · 深型 2 个（带隔板）（约 26 × 37 × 17.5 厘米）
E 抽屉式塑料收纳箱 · 深型（约 26 × 37 × 17.5 厘米）
F 抽屉式塑料收纳箱 · 半箱 · 深型 1 个（带隔板）（约 14 × 37 × 17.5 厘米）
G 抽屉式塑料收纳箱 · 横宽型（约 55 × 44.5 × 18 厘米）

学校分餐时使用的口罩、桌布以及体操服等，放在带有隔板的抽屉里收纳。可以结合物品大小来改变隔板的位置。

不常使用的面巾侧立收纳。朋友往来的信件也准备一个专用的箱子，以箱子容量为限，装满后让孩子自行整理。

衣服类可以按上装和下装分类收纳。为了方便搭配时一目了然，可以把衣服侧立起来摆放。

手帕、小包纸巾等零碎物品放入带有隔板的小型抽屉里，可以侧立收纳。

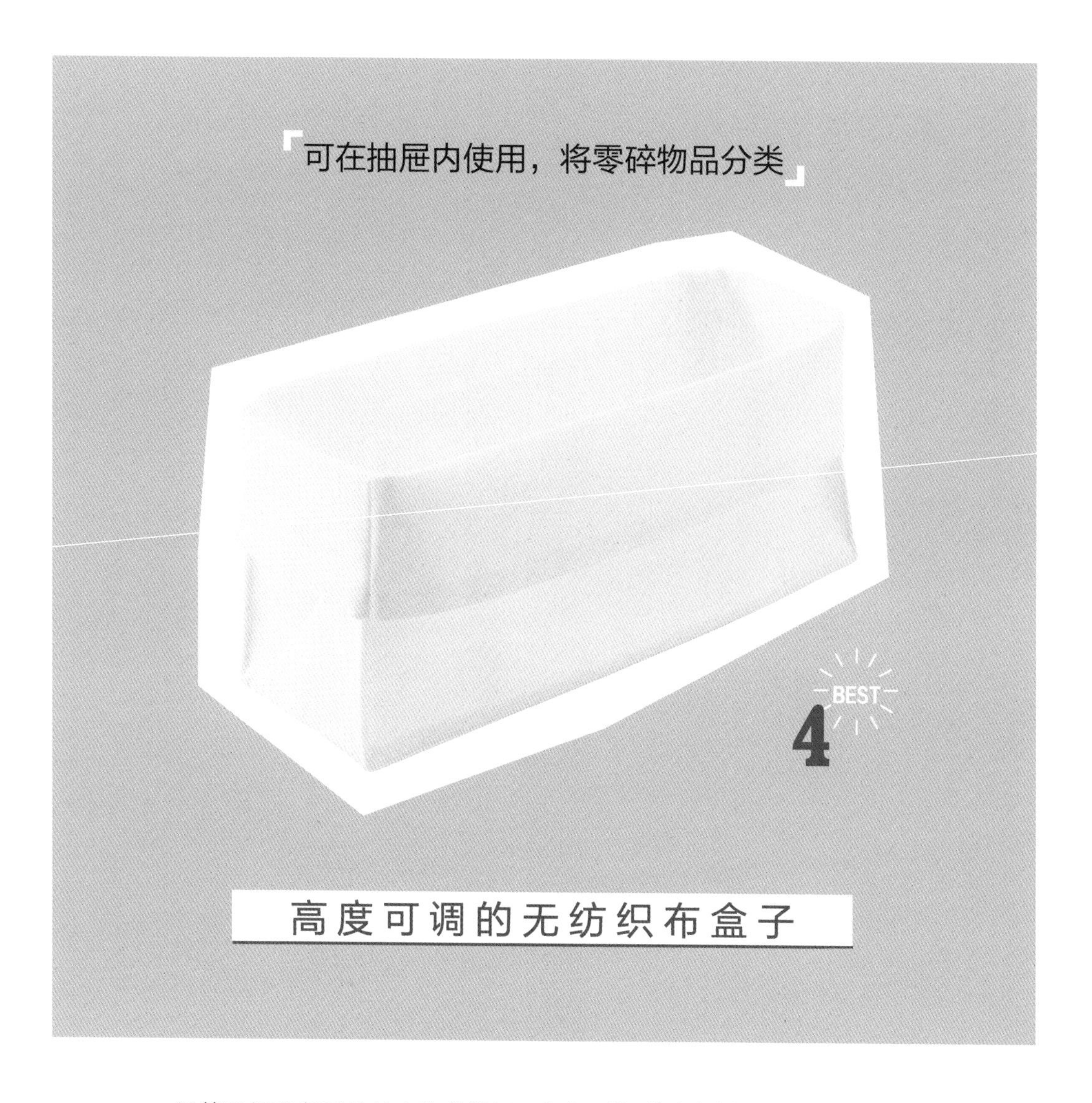

尽管已经准备了收纳衣物的抽屉，但却不知道该怎样归置其中，怎么放都显得乱七八糟，在这种时候派上用场的就是无纺织布盒子。除了可以跟无印良品的塑料收纳箱搭配使用之外，跟普通的抽屉也相得益彰。尺寸有三种，从袜子到 T 恤、毛巾，都可以根据叠起来的大小选择合适的尺寸。

抽屉内用无纺织布盒子分隔，可以使物品的位置更明确，整理时更为方便。最可心的是，用不到它的时候可以叠起来放置，不占用空间。

使用分格的盒子，把物品侧立收纳

使用分格的盒子，把物品侧立收纳的话，什么东西放在什么地方都可以一目了然。把折叠得比较平整的一面朝上摆放，外观也会比较整齐。

USING PLACE@ 儿童房

洗好的袜子、紧身裤等放入盒子的最里面，使用时严格按照从外面依次取用的原则，平均分配使用频率。

房间内穿的袜子，当季的要放在前面，过季的放在后面。数量以盒子的容量为限，避免过多。

USING PLACE@ 步入式衣橱

利用抽屉的间隙

放入叠好的家居服后，抽屉内会余下少量的空间，利用这样的间隙，放入较窄的无纺织布盒子，用来盛放袜子。

高度可调的无纺织布盒子・小・2 枚装（约 16×38×12 厘米）
※P85 使用的是旧产品，与 P84 的商品外观及尺寸都有差异。

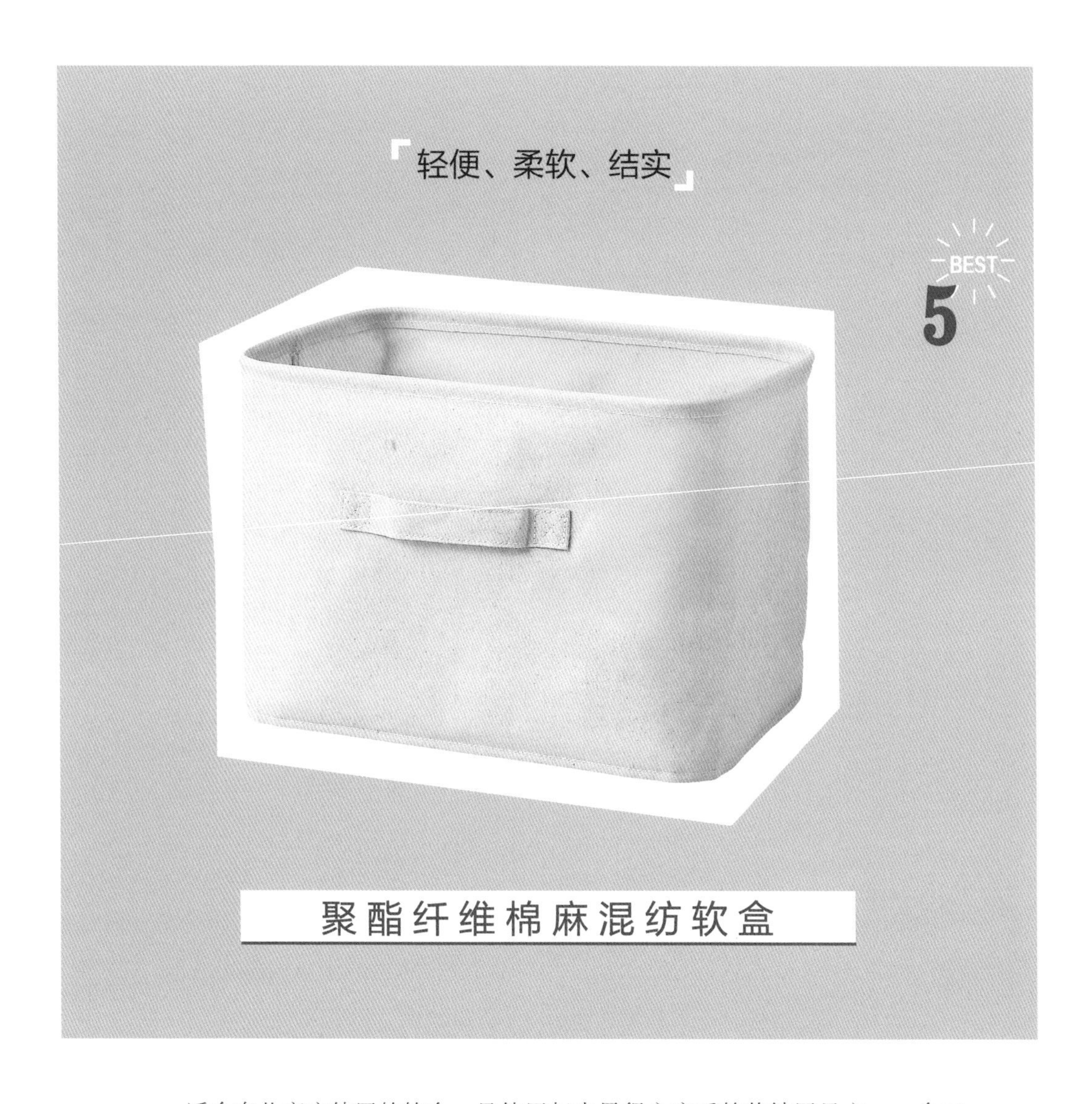

适合在儿童房使用的软盒，是使用起来最得心应手的收纳用具之一。盒子本身很轻，便于放到高处使用。带有把手，取放也很方便。质地柔软，特别适合儿童房使用。包括玩具、过季的衣物等任何物品，都可以一股脑收纳进去。内侧进行了涂层处理，非常结实耐用。不用的时候可以折叠放置。

需要防尘的话，选择带盖的软盒就可以安心使用了。为了减少取放时的麻烦，装玩具的盒子建议选择无盖型的。

和开放式博物架搭配使用

选择较浅的软盒，从上面可以看到内装的物品，而且不用把盒子拖出来，伸手就可以取到里面的东西。

A 聚酯纤维棉麻混纺软盒 · 长方形 · 中
（约 37×26×26 厘米）

用来收纳孩子最喜爱的动漫卡片夹、使用频率较高的包包等。里面的物品排列宽松一些，孩子自己也能轻松取出。

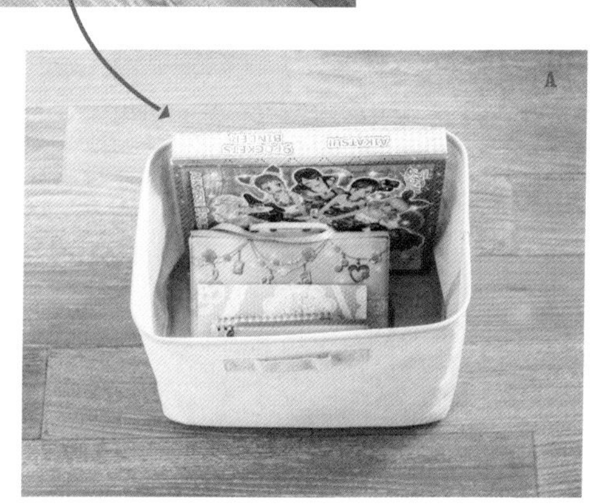

衣橱上部的架子上，也可以安心放置

过季的衣物固定放置在衣橱的架子上，软盒本身很轻，可以减少取放时的负担。

B 聚酯纤维棉麻混纺软盒 · 带盖式
（约 35×35×32 厘米）

带盖的盒子用来收纳过季的衣物，可以选用尺寸大一点儿的，以便放置有一定厚度的冬季衣物。

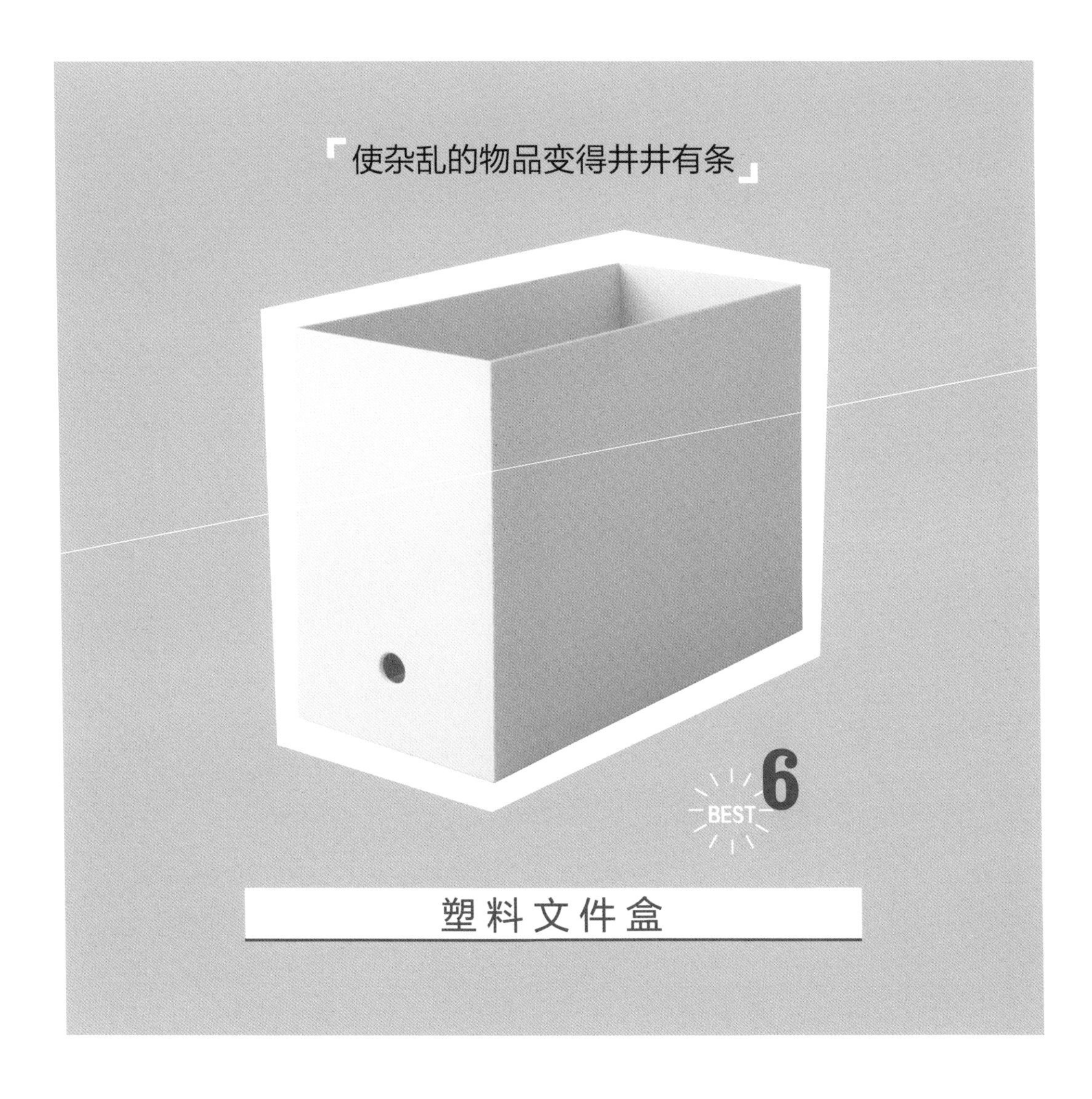

除了可以用来整理文件以外，杂志、纸袋、平底锅、保鲜盒等都可以收纳。文件盒分为两种类型。一种是便于观察和取放内装物品的斜切台式文件盒，它可以根据场合和使用方式灵活运用。另外一种是四角式，无论正面还是侧面，都具有整齐的外观。你可以根据收纳空间和收纳的物品来选择需要的类型。

塑料袋、纸袋等容易增多的物品，只保留文件盒能装下的数量，够用即可。

厨房 USING PLACE@

用来管理保鲜盒也很方便

食品保鲜盒可以用塑料文件盒统一管理，即使塞在橱柜里面，也可以整个拉出来，取放都很轻松。脏了也易于清洗。

A 塑料文件盒 · 宽 · A4 用 · 浅灰
（约 15×32×24 厘米）

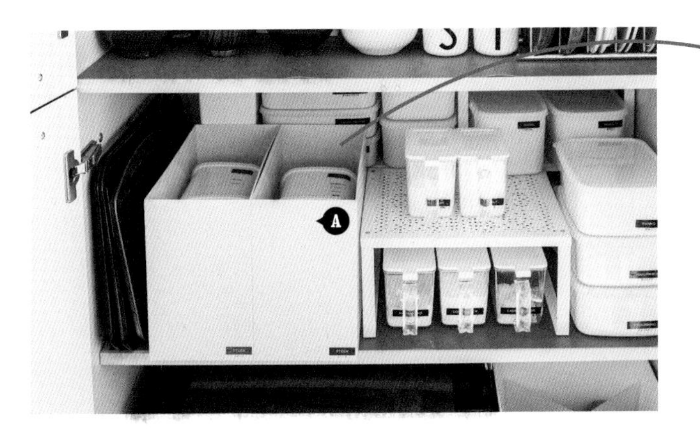

食品保鲜盒以能放入文件盒的数量为宜，避免过量购置。把保鲜盒从包装盒里取出来直接放入文件盒内，然后贴好标签，标明内装的食品。

USING PLACE@ 和室

放在壁橱横隔板的下面

可以用来分割大容量的壁橱空间。在壁橱横隔板下使用立式文件盒，把各种零碎的物品统一收纳起来。

B、D 塑料文件盒 · 宽 · A4 用 · 浅灰
（约 15×27.6×31.8 厘米）
C 塑料文件盒 · A4 用 · 浅灰
（约 10×27.6×31.8 厘米）

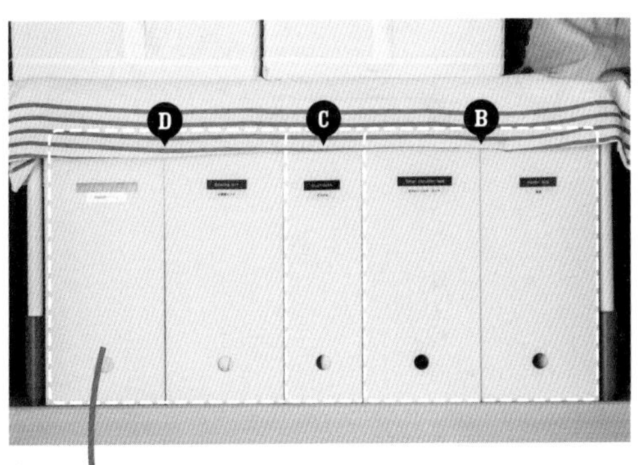

用来收纳备用的抹布和纸袋等。纸袋用较宽的盒子，抹布用较窄的盒子盛放，要根据内装物品选择合适的尺寸。

充当盛放胶棒枪、缝纫书以及杂物的盒子。贴上标签，标明内装物品，不用费力寻找。

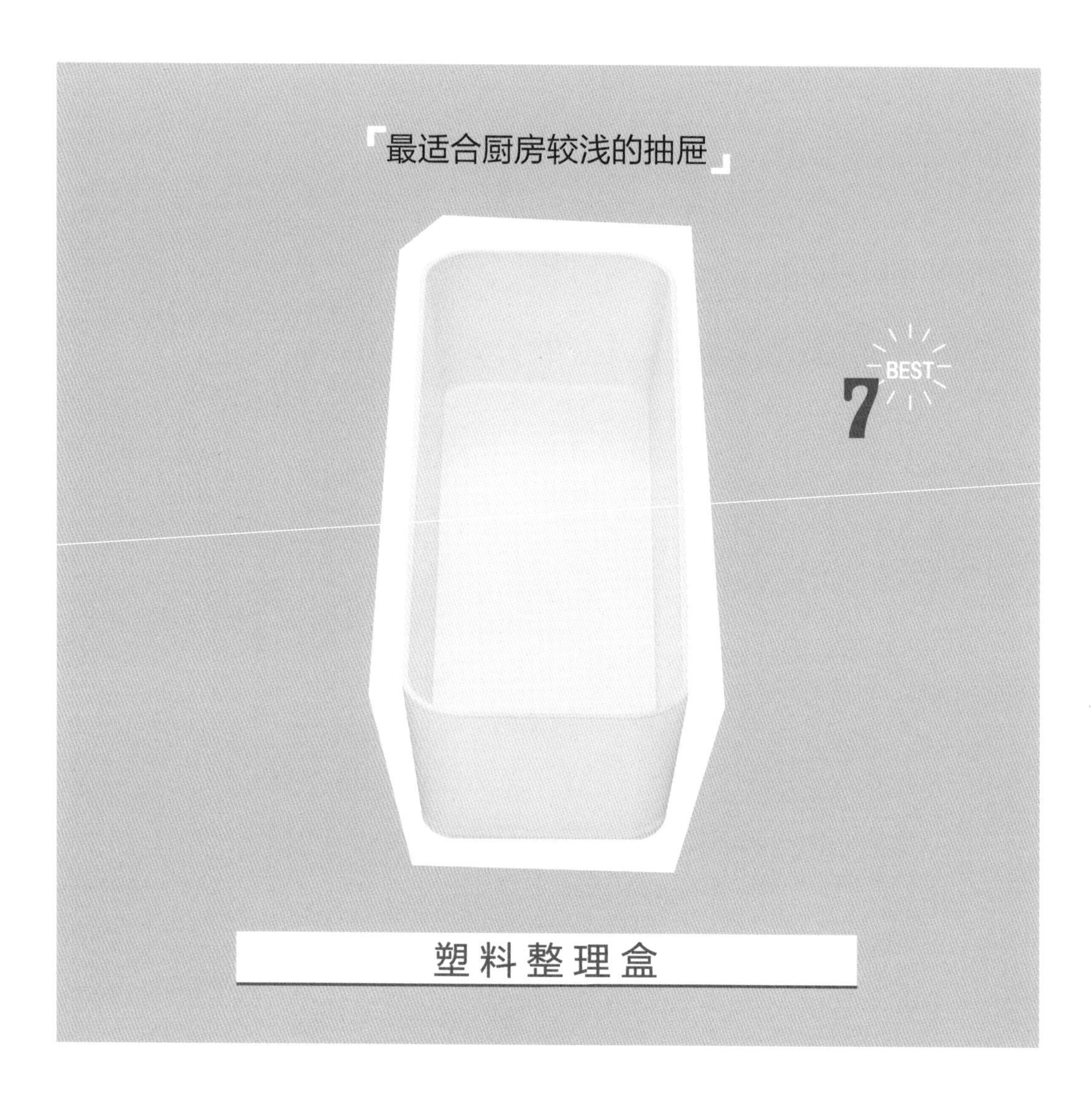

整理厨房的抽屉时，塑料整理盒会派上大用场。厨房是一个琐碎物品较多的场所，如果不明确规定每一样物品的具体位置，抽屉很快就变得杂乱无章。相反，如果抽屉里的东西都整理得井然有序，烹饪时就会倍感轻松，所用时间也会缩短。

塑料整理盒的尺寸多样，可以结合厨具和餐具的大小选择合适的尺寸，充分利用抽屉的空间。另外，被弄脏时可以轻松清洗也是我中意它的原因之一。当然，在厨房以外的场所，它也可以大显身手。

准确测量尺寸，完美组合起来

对厨房用具的尺寸以及抽屉的大小进行精确的测量，使各种大小不一的塑料整理盒与抽屉内空间正好吻合。

A 塑料整理盒·小（约 8.5×8.5×5 厘米）
B 塑料整理盒·大（约 11.5×34×5 厘米）
C 塑料整理盒·中（约 8.5×25.5×5 厘米）
D 塑料整理盒·大（约 11.5×34×5 厘米）

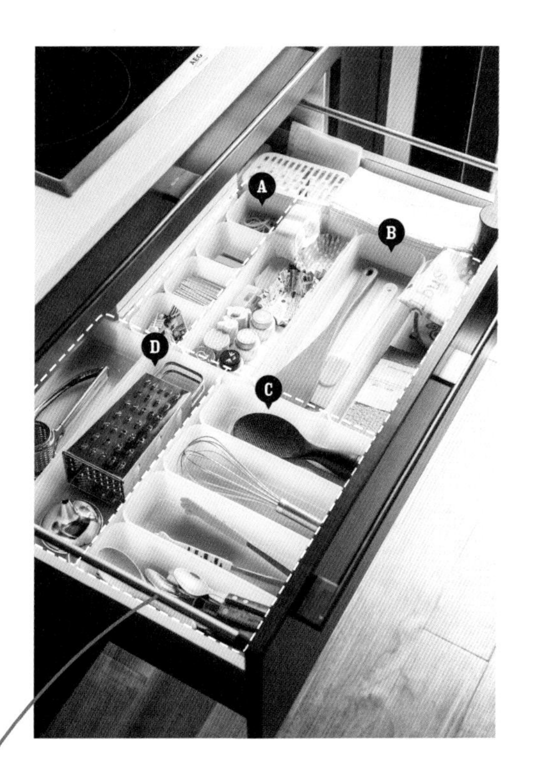

橡皮圈和牙签去掉包装，直接放入整理盒内，不仅可以缩小体积，取放也更方便。

USING PLACE@ 厨房

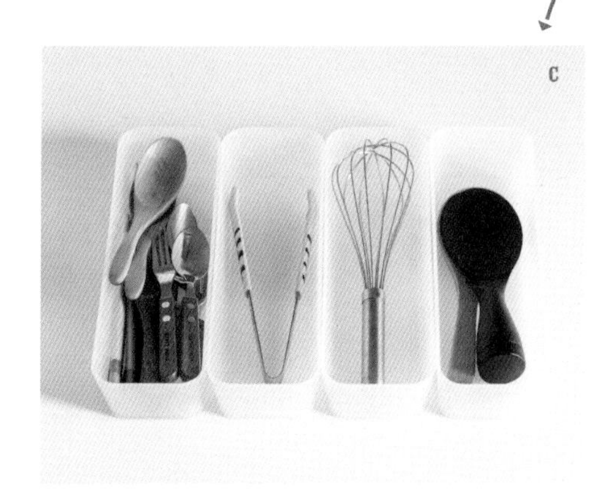

孩子用的餐具放在抽屉外侧，以便他们轻松取用。使用频率较高的饭勺等用具也放在外侧。

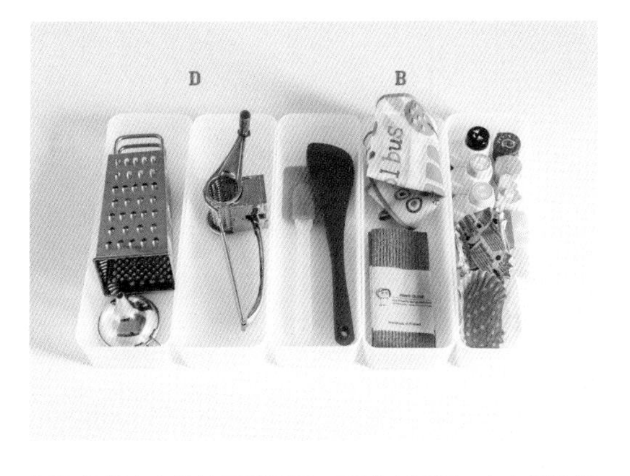

切片机等大个头的厨房用具，原则上要用一个专用的整理盒来盛放。这样可以使取用方便，用完后也能准确放回原位。

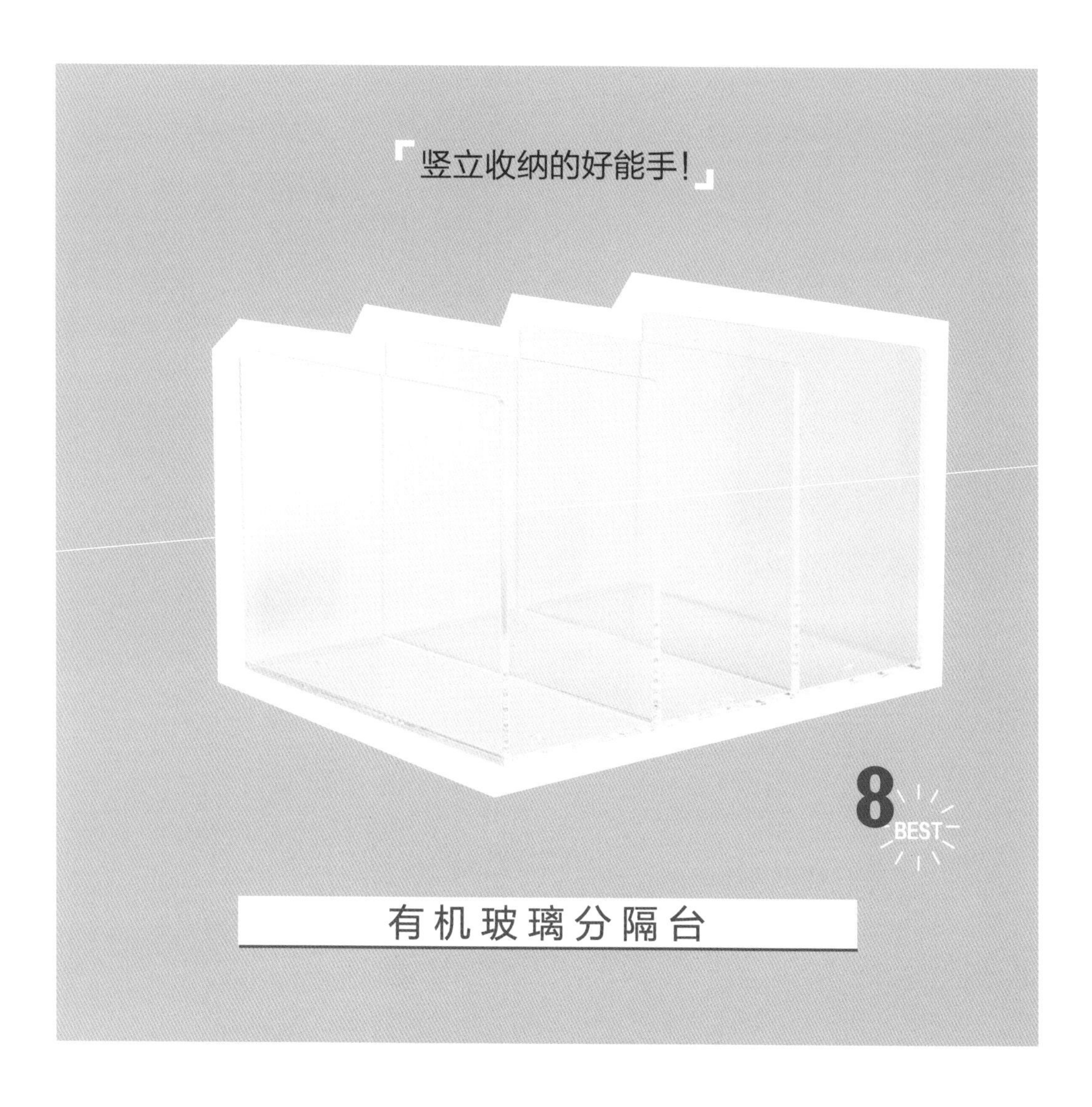

有机玻璃分隔台带有隔板，不仅能使物品顺利取放，还能给予不能竖放的物品以有力的支撑。它还可以用来收纳那些叠放会使位于下面的物品难以取出的用具，如平底锅、盘子等。另外，绘本、杂志，以及难以立起的质地较软的包包等也推荐用它来收纳。透明的有机玻璃材质跟任何室内环境都能自然融合。

隔板间隔较小的分隔台可以分类放置邮政用品，也可以把平板电脑竖起摆放。根据间隔大小，有机玻璃分隔台能够派上不同的用场。

USING PLACE@ 厨房

有一定高度的抽屉，要注意不要塞得过满。要给平底锅的锅柄留下足够的空间，以便伸手取用。

平底锅和锅盖竖起放置

烹饪用具严选真正需要的物品放入抽屉，不宜太多。经常使用的平底锅按锅柄朝外的方式竖起收纳。

A 有机玻璃分隔台 · 3 段式（约 26.8 × 21 × 16 厘米）

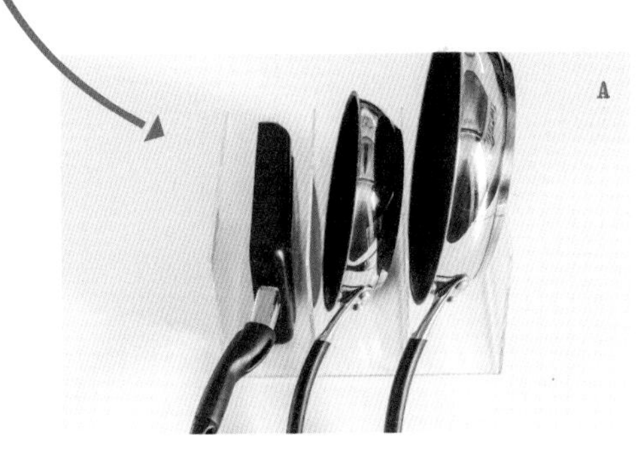

取放都很轻松的分隔台

上小学的女儿的教科书放在博物架上。如果用文件盒装的话，还要费力取出，因此这里我选择使用了分隔台。

B 有机玻璃分隔台 · 3 段式（约 26.8 × 21 × 16 厘米）

每个格段分类收纳课本、图书、技能教科书等。为方便孩子自己取放，在前端贴上标签。

USING PLACE@ 餐厅

透明封口袋在餐厅和卫生间使用较多。因质地透明，能看到内装物品，也可以收纳文件类印刷品。把它们分门别类地装入不同的袋子里，贴上标签，这样一旦有新增添的文件可以马上分类保存。

因为不怕沾湿，正好可以用来收纳卫生间里的隐形眼镜、润肤霜等零碎物品。如果需要盛放有一定厚度的物品，可以选用立体的袋子，方便出差或旅行携带。

价格低廉也是它的优点之一。购置各种收纳用具需要一笔开销，但透明袋可以轻松降低成本。

USING PLACE@ 餐厅

用专用袋把重要文件分类

收到各类信件后，只把需要马上开封查看的信件进行分类、收纳。根据文件的内容装入专用透明袋，在右上角贴上标签。

A 透明封口袋 · 带拉链 · B6
B 透明封口袋 · 带拉链 · A5

把不锈钢隔板斜放在抽屉里，用来支撑透明封口袋。倾斜一定角度，可以使标签更显眼。

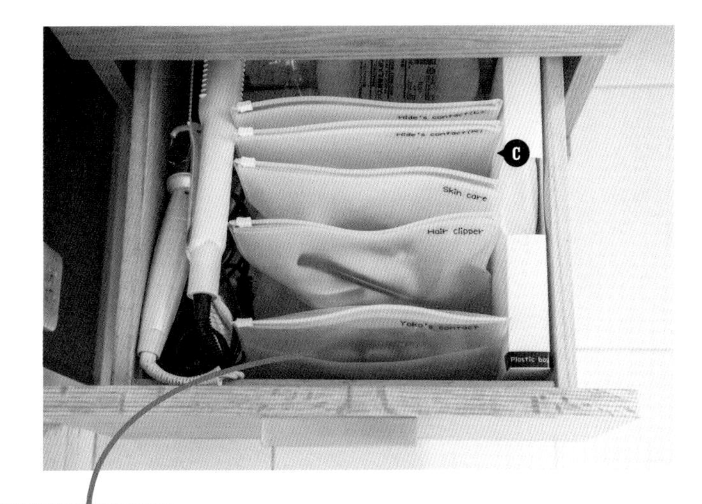

最适合易沾湿的卫生间使用

一次性隐形眼镜、润肤霜、卷发器等分类盛放。把袋子竖起收纳，更方便取用。

C 透明封口袋 · 带拉链 · B6

USING PLACE@ 卫生间

即使能看见内装的物品，但是为了明确袋子的专属用途，还是必须贴上标签，以防不同类的物品混入其中。

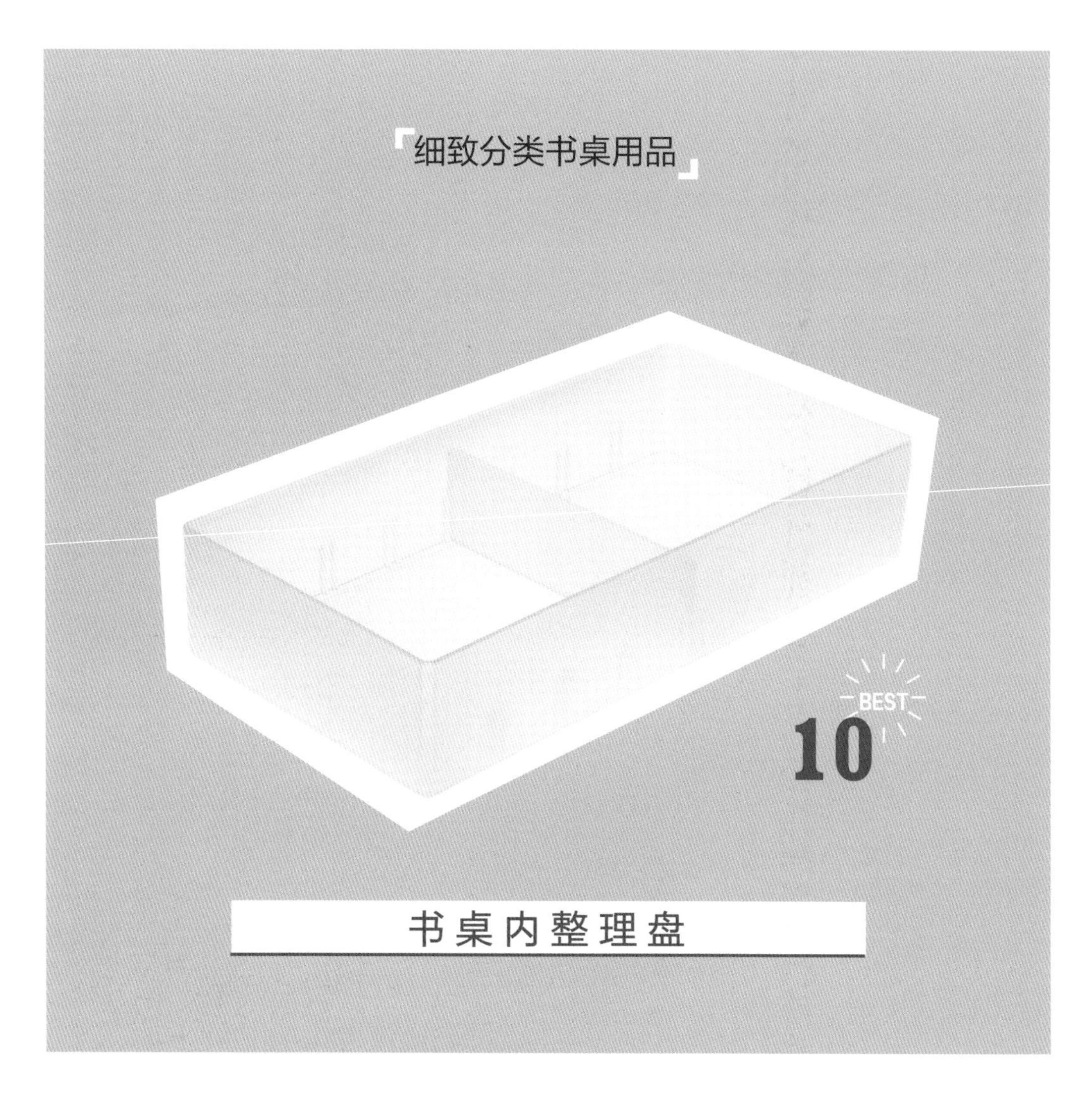

书桌云集了各种各样的零碎小物件，如：文具、信封、名片、图章等。在这里派上用场的收纳工具就是书桌内整理盘。它有四种尺寸，你可以结合抽屉大小和内装物品来选用。整理盘还附有可移动隔板，根据收纳物品的大小可以切分内部空间。这样为每种物品设置出专用空间，会更方便取放。

书桌内整理盘可以完美地组合搭配，既不浪费抽屉空间，还能使抽屉更美观、更有效地得以利用，这也是它值得推荐的理由之一。

用整理盘划分抽屉空间，更有效地进行收纳

抽屉的优点是从上面望去，可以直观看见内装物品。用整理盘固定物品的位置，避免叠放，才不会损伤物品的外观和妨碍使用，取放也很方便。

A、D、E 书桌内整理盘（约 10×20×4 厘米）
B、C、F 书桌内整理盘（约 6.7×20×4 厘米）

USING PLACE@ 餐厅

根据物品大小来准备收纳用具，使用更随心。为防止钢笔过量购置，以整理盒宽度为限，放满即可。

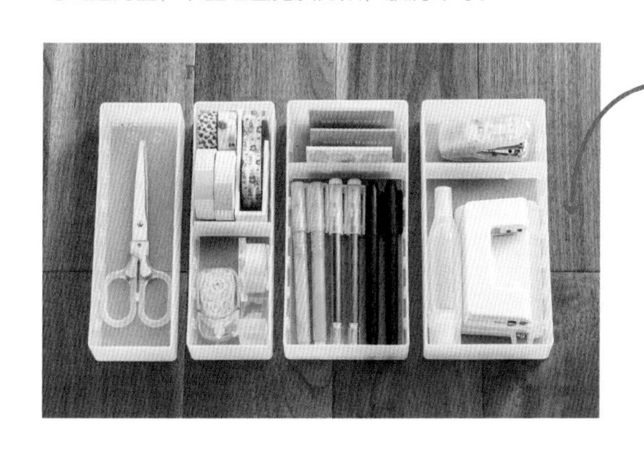

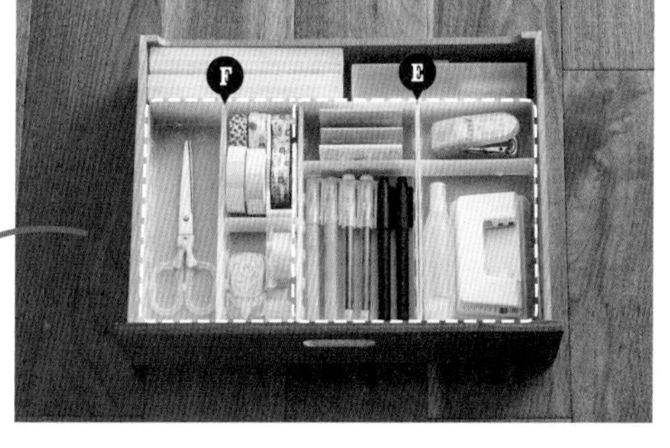

这里收纳了全家人经常使用的剪刀、胶带、钢笔、订书机等，使用时可以轻松找到。

有效利用电脑桌的抽屉

严格挑选在书桌处会用到的必需品，用整理盘来收纳。第二层抽屉放置与打印机有关的打印纸、油墨，以及去污用品等。

A 书桌内整理盘（约 6.7 × 20 × 4 厘米）
B 书桌内整理盘（约 10 × 20 × 4 厘米）
C 书桌内整理盘（约 6.7 × 20 × 4 厘米）

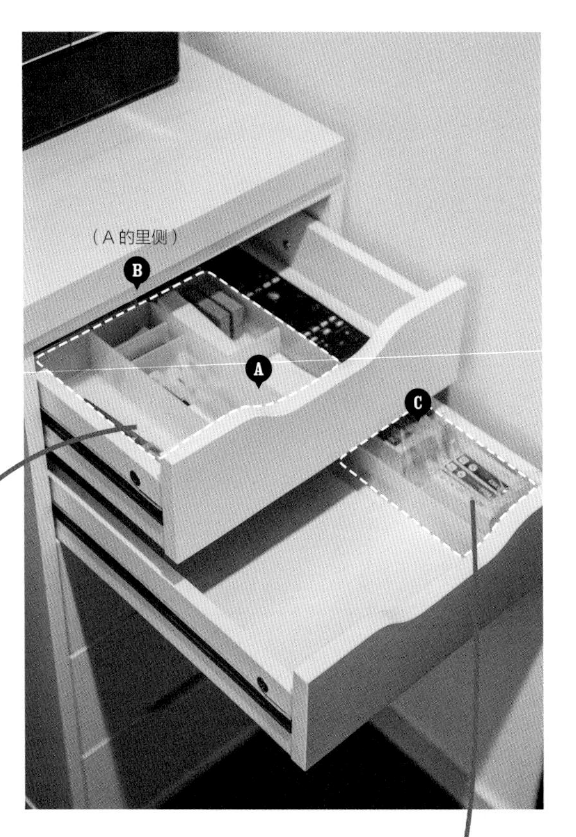

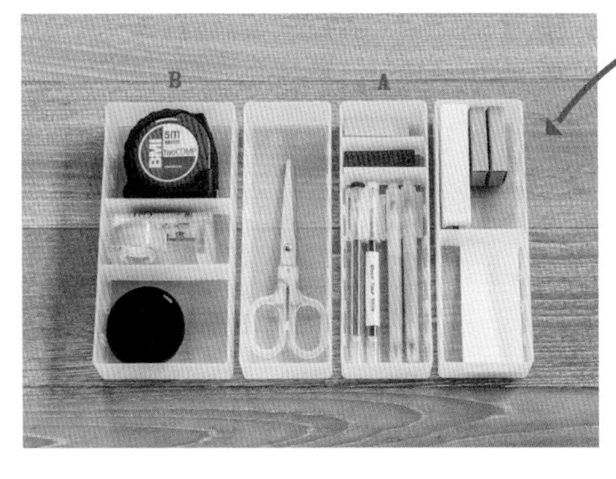

把笔、剪刀等放在上层抽屉里，这样坐着就可以轻松取出。使用频率较高的物品放在外侧，不太用到的物品放在里侧。

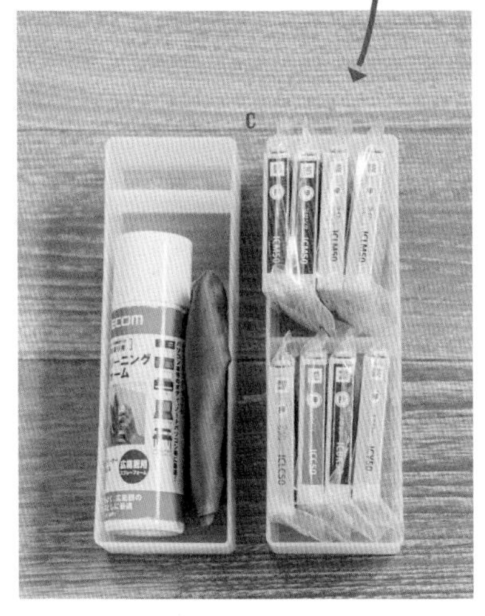

油墨只储备需要的数量，收纳时去掉外包装并排摆放，这样油墨的颜色比较醒目，更换时也方便。

始终保持整洁空间的“轻扫除”

不用刻意进行大扫除，只在发现有脏的地方时随手进行的扫除，我把它称为“轻扫除”。即使是忙碌的日常，也可以通过“轻扫除”来保持整洁。

—用水的场所—

- 厨　房
- 卫生间
- 厕　所

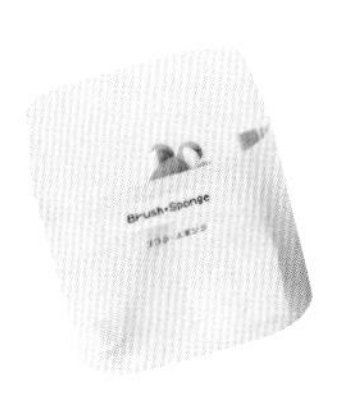

在可以叠放的无印良品塑料箱内，放入海绵、刷子等。

第二层叠放的塑料箱内放入剪开的毛巾，可以当抹布使用。

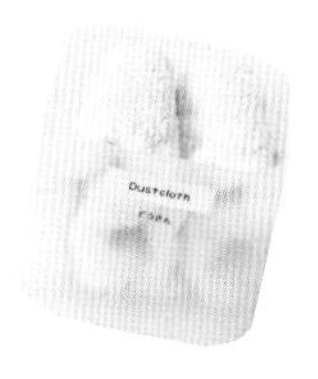

最上面一层放喷雾器和拖把，做成一个卫生间专用的“扫除套装”。

用水的地方最令人头痛的是水垢问题，平时越放任它不管，扫除时就越费力。浴室的镜子、厨房的水龙头等，如果每次用完都随手一擦的话，效果就全然不同。特意去打扫也许会觉得麻烦，但每次进去时、每次使用时都顺便一擦，就能长期坚持了。

— 房间 —

- 起居室
- 儿童房
- 卧　室

纸抽作为方便的扫除用品要常备，可以用它来轻微擦拭和清除小垃圾等。

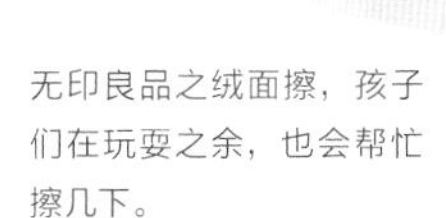

无印良品之绒面擦，孩子们在玩耍之余，也会帮忙擦几下。

发现灰尘时，方便立即擦拭的工具，我推荐使用手拿式短拖把。

有时你会突然发现房间里的某处污点，如果当场清除掉，就不会在第二次看到它时喊“啊！好脏！”了。在随手可以取到的地方放置扫除用具，发现污处时可以立刻清除，不用费力寻找。孩子们也可以在玩耍的同时帮忙扫除。

登门帮您解决烦恼！收纳实例集

衣橱、厨房、孩子的玩具角……当您因无法着手整理时，
梶谷式的整理收纳法将为您全面解决！
无印良品的收纳工具使您的家变身为清爽舒适的空间。

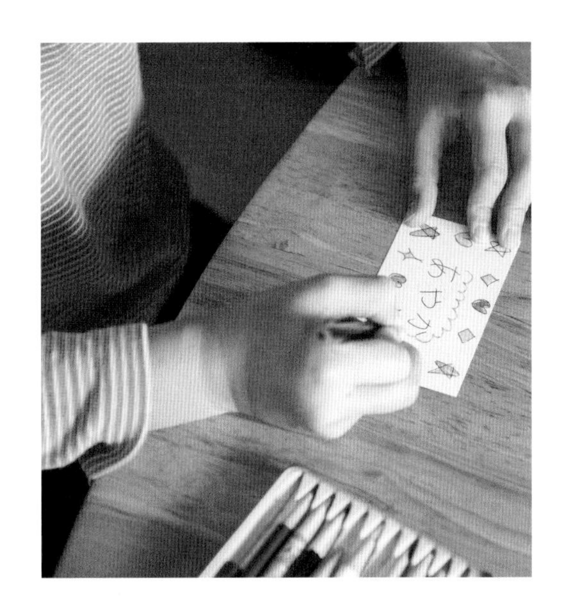

3 Trouble!

- 衣橱的烦恼
- 厨房水槽下的烦恼
- 孩子玩具收纳的烦恼

Closet Trouble!
衣橱的烦恼

整理自己的物品，使衣橱成为夫妇共用的空间

整体把握衣服总量，分类进行收纳

三步女士想要把目前自己单独使用的衣橱，整理成为夫妇共用的空间。她考虑把丈夫现在使用的房间做成儿童房，以后给儿子使用。“我丈夫的衣物虽然不多，但因为我的东西实在是太多了……”确实，宽 197 厘米、高至天花板的大容量衣橱内，三步女士一个人的衣物就把它塞满了。当问她“上面的布箱内放了些什么”时，三步女士跟大多数被问到这个问题的人一样，无法准确回答。每当问大家能否对所持有的全部物品进行管理时，多数人都会回答“不能”。所以，首先把所有衣物都取出来，对总量进行准确的把握是非常必要的。

另外，三步女士的烦恼之一，是需要花时间去寻找衣服。“叠好的衣服都堆放在不锈钢架以及箱子上，要穿的时候，多半要四处翻找。”三步女士说。“我想你用的这个收纳工具太高了，上面无法再悬挂衣服，也就产生了一个空闲的空间，所以你就在上面堆放衣服了。”本来觉得会有用的工具，反而成了造成衣橱杂乱的原因。明白这一点后，我们决定重新选择收纳用具。为了打造理想的衣橱，我们制订了整理收纳计划。

Family data

成员构成 …………………… 夫妇 儿子（5 岁）
居住形态 …………… 独门独院
房型 ……………………… 3LDK（即 3 居室 + 餐厅 + 厨房）

在箱子上暂时搁置物品

使用带盖的收纳箱的话，盖子上很容易堆放杂物。你必须要明确这个收纳工具是用来做什么的。

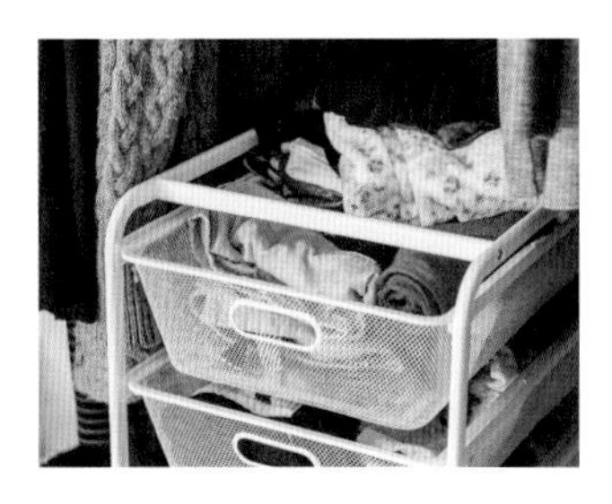

上层的衣服堆放过多

因为高度过高，最上层容易堆放过多的衣服，增加找衣服的难度。抽屉内的衣服也叠放着，这也是衣服难找的原因之一。

看不到内装物品的箱子

看不到内装物品的不透明箱子不适合放在上层，因为这里多收纳一些平时不用的衣物，很容易忘记里面装了些什么而闲置起来。

步骤 1

制订整理收纳计划

1. 准确把握整体总量

因为存在一些被遗忘的衣服，还有一些需要舍弃的衣服，所以要把这些考虑在内，准确把握一下衣服总量，再来决定收纳它们的工具。

2. 分类收纳

购置适合衣橱使用的收纳用具，把衣服按季节、类别分类收纳，大大减少翻找衣服的时间。

3. 做到使所有衣物一目了然

因为是两个人共用，所以能够直观看到衣橱里面放了些什么，是非常重要的。贴上标签，明确标明放回时的位置。

步骤 2

把持有的所有衣物全部取出、分类

把每件衣服都拿出来，由主人进行分类

上层箱子里的衣服、挂杆上挂的衣服、抽屉里以及箱子上常穿的衣服等，按照顺序，把所有衣服从衣橱里取出来，一件一件来判断是留下还是舍弃。由衣服主人直接确认，避免返工。

1 把要保留的衣服和要舍弃的衣服分类

把还穿、还用的衣物放在右边垫布上，现在已经不穿了以及以后也不会穿的衣服，放在左边垫布上。

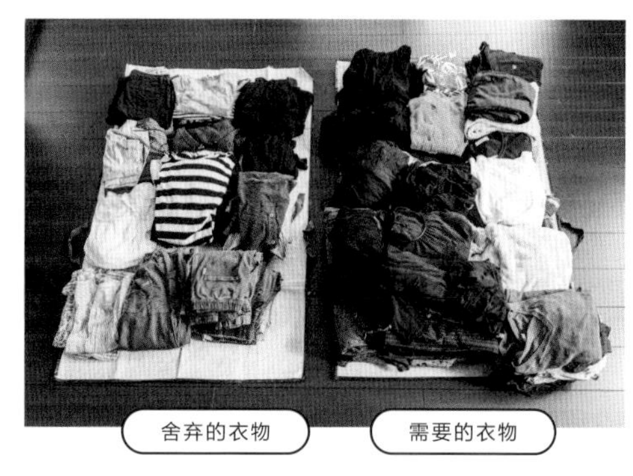

舍弃的衣物　需要的衣物

2 按季节、种类来分类

把要舍弃的衣服放在一起，剩下的分为春夏、秋冬两类。然后进一步按衣服进行分类，判断是要挂起来还是叠起收纳。

步骤 3　放置到收纳用具里，取用方便

使用的收纳用具

- ☐ 塑料装衣箱·抽屉式·大（约 40×65×24 厘米）……10 个
- ☐ 塑料搬运箱·带锁·小·深型（约 25.5×37×33 厘米）……5 个
- ☐ 聚酯纤维棉麻混纺整理袋（15×35×70 厘米）……1 个
- ☐ 铝制晾衣架（宽约 33 厘米）……60 个
- ☐ 铝制 S 形挂钩·大……20 个

结合衣物的叠放或悬挂来选择收纳用具

按照步骤 2 的分类，把悬挂的衣服、过季的衣服、当季的衣服分组收纳。衣架统一选用一种。过季的衣服装入整理箱，放到上层。当季的衣服放入抽屉收纳，方便取放。

选择一定数量的同种衣架，不仅外观整齐划一，而且可以使衣服保持一定数量，易于管理。

当季的衣服按照种类分别收纳到抽屉里，叠好的衣服不要堆叠盛放，侧立竖放，可以使取用更方便。

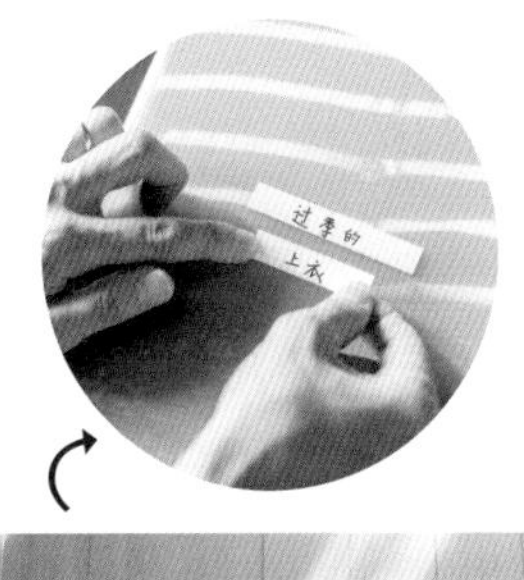

过季衣服最好选用半透明的整理箱来收纳，并置于衣橱上层。贴上标签，就可以一目了然啦。

变身为选衣方便、令人心情愉悦的衣橱

衣服全部整理到收纳用具内以后，就可以归置到衣橱里了。由于是夫妇两人共用的衣橱，所以首先要分配每人所占的空间。右侧属于三步女士的使用空间，左侧则归她的丈夫使用。中间挂上了一个包包收纳袋作为分界线的标记。上层放置过季衣物以及使用频率较低的包类。底部设置了十个抽屉式收纳箱，按类别收纳当季的衣服，同时为了不妨碍悬挂的衣服，呈山形摆放。

衣橱里的空间设计要考虑使用方便度。上层及两侧是不易取放的位置，应该放置使用频率较低的物品。为了便于中间区域的充分使用，挂杆的两端悬挂较长的衣服，中间挂 T 恤类较短的衣服。这样中间的抽屉就可以设置成三段式。

把日常使用的包包固定放在收纳袋里。正因为每天使用，往往找不到地方搁置，所以固定一个收纳场所是非常有必要的。

衣橱里有了多余的空间，可以把放在其他房间的旅行箱和旅行包放入衣橱，旅行箱也可以作为收纳用具使用。

统一使用较为轻薄的挂衣架，可以增加悬挂衣服的数量，衣服之间留下一定间隙，更方便取用。

上层的整理箱贴上标签，收纳过季的衣服。空闲的地方摆放使用频率较低的各类包。

在三步女士一侧的衣橱壁上追加两根挂杆，用S形挂钩把帽子和围巾分类挂起来，是个取放既方便又轻松的收纳方法。

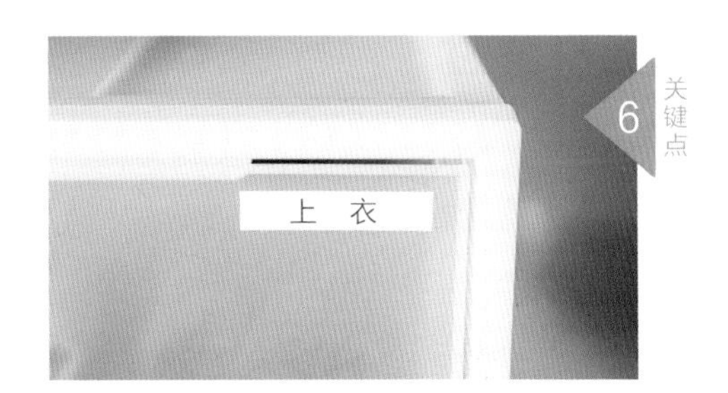

放当季衣服的抽屉也要贴上标签，同类衣服一起收纳，是防止找不到衣服的最好办法。

不用费力寻找，每天的着装搭配都轻松愉快。即使夫妇共同使用，空间也绰绰有余，并不显得拥挤。

Kitchen Trouble!
厨房水槽下的烦恼

想要打造一个可以和孩子一起做料理的宽敞、安心的厨房

想要取放、整理都很方便的抽屉

小林女士的孩子还小，她理想中的厨房是“跟梶谷女士家的厨房一样，可以跟孩子一起做料理”。为此，她也试着购入了收纳用具，想使厨房变得更好用一些。然而，事实上她并不能使这些收纳用品充分发挥作用。“收纳用具在不同的家庭，由不同的主人来使用，它的最佳状态有时也会发生改变，首先让我们一起来解决现在的难题吧。”

小林女士感到最棘手的问题是水槽下的收纳。“抽屉太深了，东西不好取，怎么捯饬都不好用，最后只好把用具都原封不动地塞了进去。”水槽下放置的锅、便当用具、调味料等都要配合抽屉的尺寸来收纳。形状大小不一的厨房用具，由于都是按照清洗的顺序从上面放进去，所以要用的东西经常会找不到。“大抽屉的使用秘诀是用收纳盒来分割空间。水槽是厨房的中心，要严格挑选真正需要的物品，并且收在一下子就能拿到的位置。这样既能缩短烹饪时间，也能使心情更愉悦。”我们决定，首先结合现有物品的使用频率，严格挑选放入水槽下的物品，再根据物品分类选择合适的收纳工具。

Family data

成员构成 …………………… 夫妇
大女儿（4 岁）
小女儿（1 岁 5 个月）
居住形态 ………… 独门独院
房型 ……………………… 4LDK
（即 4 居室 + 餐厅 + 厨房）

步骤 1

制订整理收纳计划

1. **根据使用频率将厨房用具分类**

   为了只收纳真正的必需品，结合每天使用、偶尔使用等不同的使用频率进行分类。

2. **沿着活动路线来考虑用具的配置**

   在厨房里尽量以最小的动作幅度做料理。根据是在靠近火的地方使用，还是在靠近水的地方使用，以及家务的活动路线来考虑用具的配置。

3. **选择好用的收纳用具**

   在大抽屉里使用能分割空间的收纳用具。选择能把同类物品一起归置的收纳用具。

不好用的原因

水壶、保存容器混放

数量众多、形状不一的水壶和保存容器随意放入抽屉。没有隔板区分空间，抽屉里显得杂乱无章。

即使分割了空间，也还是不行

虽然用文件盒间隔了抽屉内空间，但里面东西过多，每样东西都不能轻松取出。

刀具类也混在其中，比较危险

厨房用具的抽屉里也混入了切片器等刀具，对大人来说也许没什么，但对孩子来说却有受伤的危险。

步骤 2

根据使用频率把物品分类

考虑个人的使用习惯，选定必需品

把抽屉里的东西全部取出，分为每天使用的和偶尔使用的两类。再把真正需要放入水槽下的用具选出来。如果东西过多，可能装不下的话，就有必要进一步分类，规定出放在水槽下和不放在水槽下的一类。

\ 放在水槽下的物品 /

每天使用的洗碗机的洗涤剂，以及使用频率较高的调味料等放入水槽下，家务的动作路线会缩短，做料理也轻松许多，所以优先选择。

\每天使用的物品/

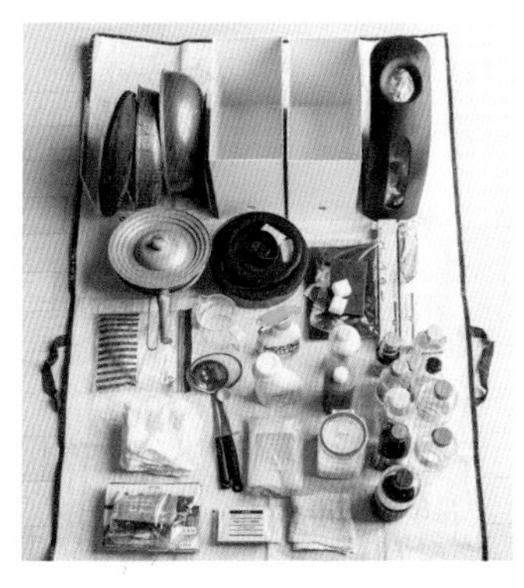

厨房工具、锅、调味料等也分为“每天”和“偶尔”使用两个范畴，每天使用的、很得心应手的工具要保留下来。

\偶然使用的物品/

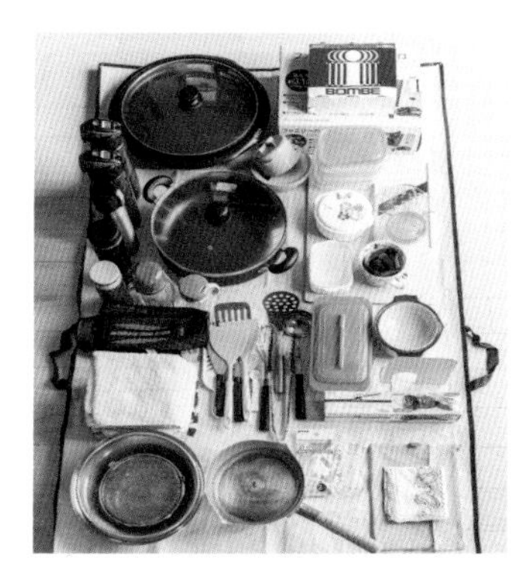

包括大型的锅、烧烤机等用得较少的必需品，另外还有一些数量上多出来且一般用不到的同类物品，所以需要重新检查。

步骤 3 放置到收纳用具里，取用方便

使用的收纳用具

- ☐ 塑料文件盒·宽·A4 用·浅灰（约 15×32×24 厘米）……2 个
- ☐ 塑料文件盒·A4 用·浅灰（10×27.6×31.8 厘米）……1 个
- ☐ 塑料文件盒·标准型·A4 用（约 10×32×24 厘米）……2 个
- ☐ 塑料整理箱（11.5×34×5 厘米）……1 个
- ☐ 塑料笔筒（约 7.1×7.1×10.3 厘米）……2 个
- ☐ 重型竹材长方筐（约 37×26×8 厘米）……2 个
- ☐ 有机玻璃分隔台·3 段式（约 13.3×21×16 厘米）……1 个
- ☐ 有机玻璃分隔台·3 段式（约 26.8×21×16 厘米）……1 个
- ☐ 塑料箱（约 15×22×4.5 厘米）……1 个

从上面看，内装物品能一目了然的收纳用具最佳

抽屉收纳的基本原则是：打开抽屉时，什么东西在什么地方能直观地呈现出来。收纳用具要选用适合内装物品尺寸的盒子类，放入大抽屉还可以起到分割空间的作用。选购时把高度也考虑在内，使用会更方便。

文件盒内放入洗涤剂等打扫用品。毛巾也竖立摆放。使所有物品的位置都能清晰明了。

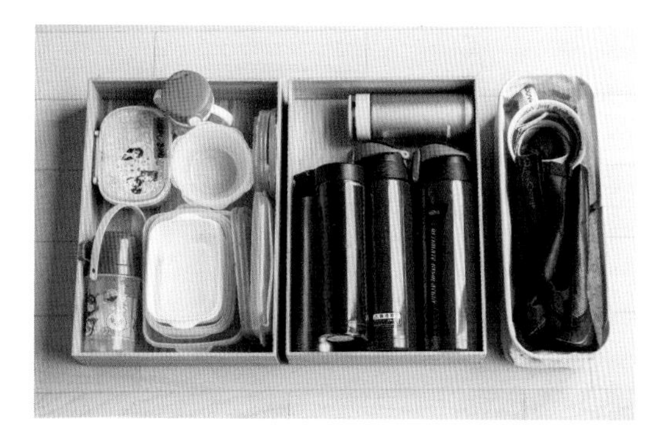

要准备一个容量比较大的收纳用品盛放水壶。保存容器也放入同等尺寸的盒子，收纳的窍门是把盖子和容器分开，分别叠放收纳。

锅、锅盖等形状各异的大型厨房用具，一律放入有机玻璃分隔台，这样可以缩小收纳体积。

每天使用的厨房用具放到整理盒内，带封口的保存袋、夹子等，按类别竖立收纳会更方便。

各类充电器容易显得杂乱，可以用大小适中的、较浅的盒子收纳。取放都很方便，也防止需要用的时候找不到。

抽屉变得能顺利抽拉

打开抽屉马上就能看到要找的用具。无论打开哪里都没有危险物品，可以跟孩子一起享受烹饪的乐趣。

灶台下的抽屉里只放置在灶台使用的物品。外侧收纳厨具、锅，里侧收纳锅盖和备用物品，分类放置，取用时比较方便。

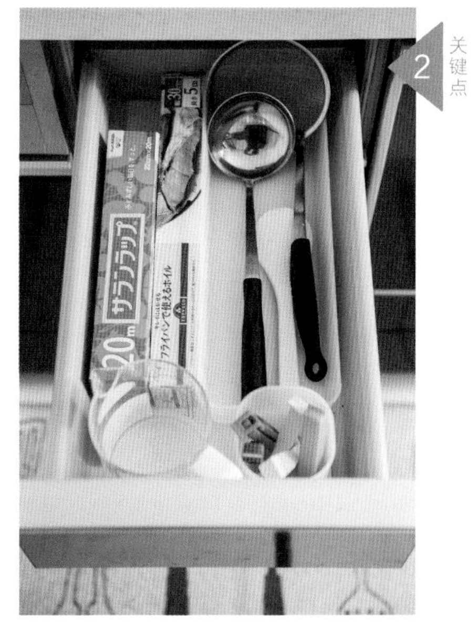

灶台旁边最上层的抽屉里放置最为常用的物品。每天都使用的厨具、保鲜膜、灶台用的锡纸等固定放在这里。

关键点 3

在备用的调味料的盖子上贴上标签，以便从上面看能一目了然。把盒装调味料的上部剪开，会更方便取用。

关键点 4

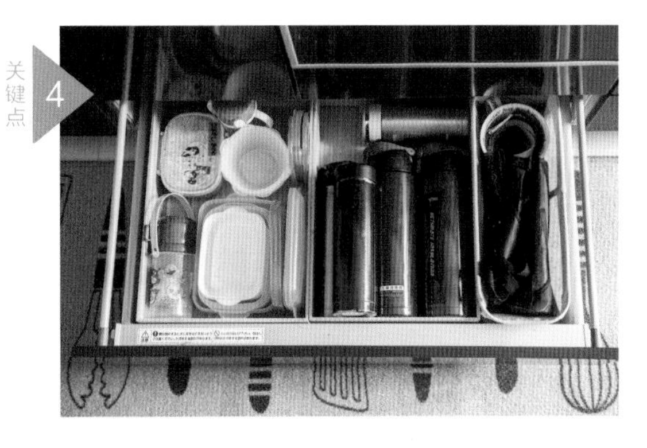

水壶、保存容器、水壶盖等分类放入同一个抽屉。把物品进行分类可以使收纳场所更为明确，不用费力寻找。

灶台	2	洗碗机	水槽
1	3		5
	4		6

关键点 5

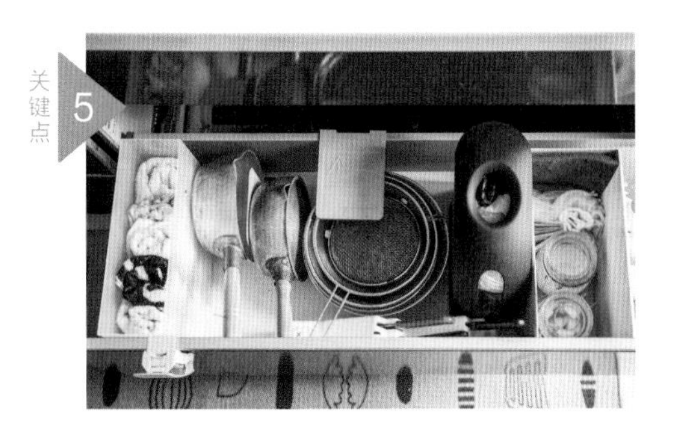

放在靠近水的位置取用更方便的物品、使用频率高的物品，都放在水槽下最上层的抽屉内。小煮锅也利用分隔台竖立摆放。

关键点 6

水槽最下层是宽度较大的大抽屉，用来收纳电煎锅等大锅。盛放充电器的盒子也放在一起收纳。

Children's toy Trouble!

孩子玩具收纳的烦恼

想采取一种让孩子也能自主收拾玩具、绘本等的收纳方式

由孩子自己对物品进行分类，并决定收纳场所是很重要的

佐藤女士把孩子的玩具收纳在开放的博物架上。“起居室靠墙的地方购置了三层式博物架，把儿子和女儿的玩具都收纳在了这里，但架子上的空间不能被有效利用。我也购置了尺寸适中的箱子和盒子，但玩具却越堆越多，完全派不上用场。我想重新收纳玩具，让孩子们也能自主地进行整理……”佐藤女士的烦恼是无法有效利用博物架的空间。

“相对于收纳空间来说，现在的玩具数量过多，而且都混放在一起。由于每个玩具都没有固定的位置，孩子们也就不知道该把它们收拾到什么地方去。”佐藤女士说。“使玩具方便整理的基本收纳原则是严格筛选出‘还能玩的玩具’，然后按照种类、大小等进行分类。这时更重要的是，要让孩子自己进行选择、分类。”尊重孩子的意见是“让他们自主进行整理”的第一步。

在孩子进行筛选之前，为了使他们明确各自的收纳场所，应该规定好两个人各自的地盘。然后，再选择合适的收纳用具，以便孩子们能够毫不费力地取出玩具。

—— Family data ——

成员构成 …………………… 夫妇
儿子（8岁）
女儿（5岁）

居住形态 …………………… 公寓

房型 …………………… 3LDK
（即3居室＋餐厅＋厨房）

不好用的原因在这里！

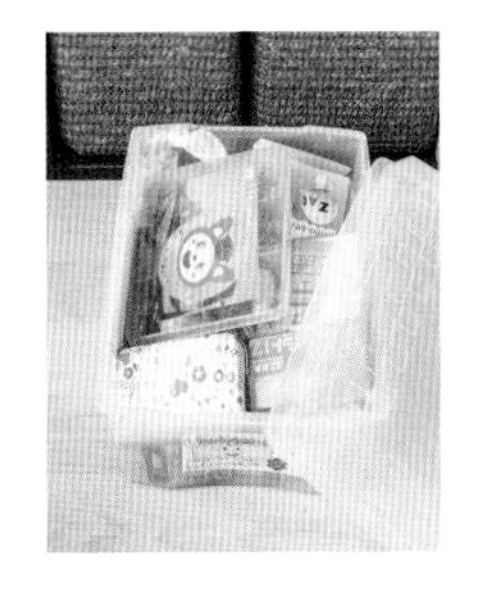

使用的收纳用具让取放变得很费劲

先从架子上把箱子拿下来，然后打开盖子，再找寻需要的玩具——步骤太多。使用带盖的箱子，是整理起来比较麻烦的原因之一。

箱子太深，难以取出物品

箱子混放了各种各样的玩具，一层层往上堆放，最后完全不知道里面都有些什么了。

步骤 1

制订整理收纳计划

1. **把握玩具的总量**

首先，把在起居室玩的玩具集中到一处，把握一下它们的总量，对它们所需的收纳用具的容量有个整体认识。

2. **规定各自的地盘**

给两个孩子规定一下他们各自的玩具所占的架子空间，让他们明确自己的“地盘”，这样能够提高他们整理收纳的意识。

3. **选择减少动作次数的收纳用具**

如果收放时比较复杂费力的话，孩子自己就无法进行整理了。所以，尽量选择能一下子取出来的抽屉、盒子类，并对这些收纳用具的配置进行规划。

步骤 2

找出“还能玩的玩具”和“已经不用了的玩具”

由孩子本人来给玩具分类

把玩具一个一个拿在手里，让孩子区分哪些是“还在玩的玩具”，哪些是“已经不用了的玩具”。把其中已经完全没用了的玩具挑出来。如果孩子在甄别某个玩具时犹豫不决，可以说一句“这个可以留下来”来帮助他做出决定。

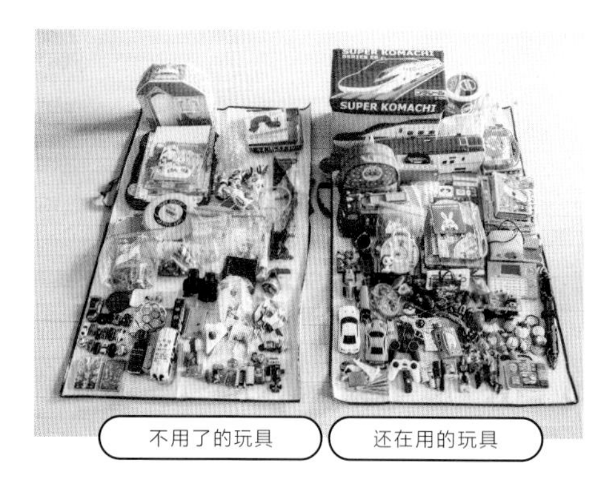

1 儿子还在玩的玩具以及不用了的玩具

孩子自己把还在玩的玩具放在右边垫布上，不用了的玩具放在了左边的垫布上，把原本混在一起的玩具进行了分类。

2 女儿还在用的玩具

这些是女儿选出来的平日还在玩耍的玩具。摊开放在垫布上，可以对玩具的种类和数量进行再次确认。

步骤 3 放置到收纳用具里，取用方便

使用的收纳用具

- □ 有机玻璃插筒（约直径 8×11 厘米）……2 个
- □ 有机玻璃分隔台·3 段式（约 26.8×21×16 厘米）……1 个
- □ 有机玻璃搁物台（约 26×17.5×16 厘米）……1 个
- □ 抽屉式塑料收纳箱·横宽型（37×26×9 厘米）……2 个
- □ 抽屉式塑料收纳箱·横宽型（37×26×12 厘米）……2 个
- □ 聚酯纤维棉麻混纺软箱·长方形·小（约 37×26×16 厘米）……2 个
- □ 聚酯纤维棉麻混纺软箱·长方形·中（约 37×26×26 厘米）……3 个
- □ 手提式塑料箱·急救箱型·大（约 26×20×16 厘米）……2 个

准备适合玩具尺寸的收纳用具

根据玩具的大小准备高度不一的收纳用具。上层的抽屉内放置最小的玩具，零零碎碎的物品装入带封口的塑料袋，放在中段的箱子里。下层的箱子里放置体型较大的玩具。绘本以及经常使用的文具类放在准备好的有机玻璃插筒内。

收纳用具准备好后，让孩子来决定什么东西放在什么地方。这个过程能让孩子们以一种游戏的形式，切身体会整齐的收纳所带来的愉悦感。

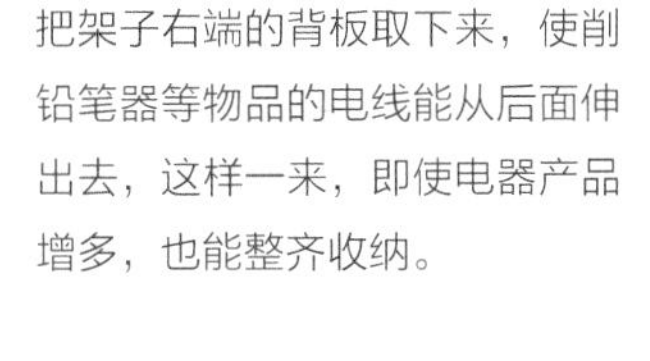

把架子右端的背板取下来，使削铅笔器等物品的电线能从后面伸出去，这样一来，即使电器产品增多，也能整齐收纳。

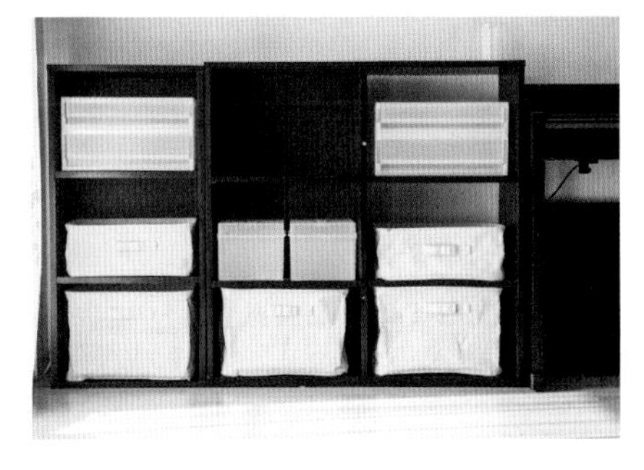

有一定高度的箱子放在下层，抽屉放在上层。架子中央设置一个“宝箱”，专门用来盛放孩子们最重要的东西。

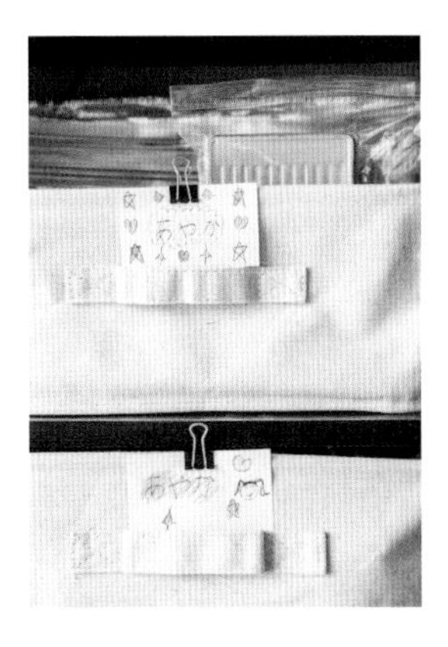

整理结束后，把孩子的名字贴到收纳用具上。这样他们自然会产生出“这里是由我来管理”的意识。

变身为孩子拿取方便、整理方便的收纳空间

只把经常使用的文具放在架子最上面，其余的文具放入带封口的塑料袋内。书放在分隔台上，取放都方便。

“这个玩具放在这里！”孩子们已经清楚知道什么东西放在什么地方，能准确地进行收拾整理，因为这是他们自己决定的收纳场所。

小玩偶等各种形状各异的玩具使用抽屉的一个单层来收纳。纪念印章等物品则整套一起收纳。

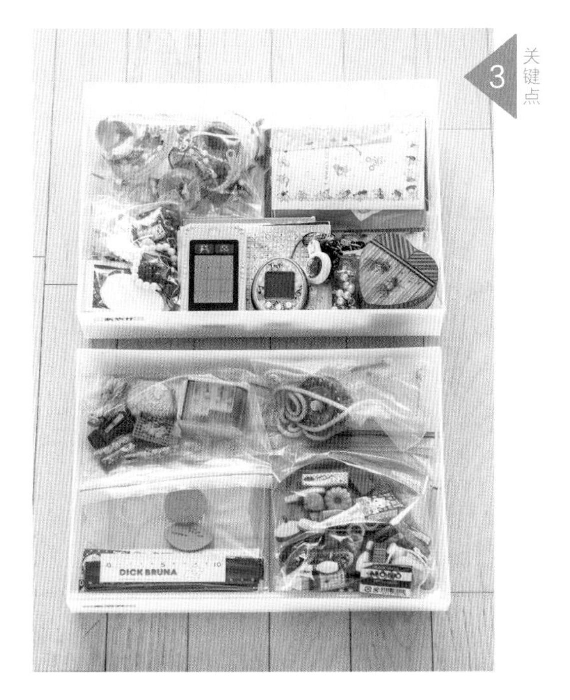

在两层式的抽屉内放置较小的玩具。橡皮、圆规、信件等按种类放入塑料袋。

大型玩具放在稍高一些的箱子里。由于重量容易不断增加，所以放在下层架子上，可以整个拖出来。

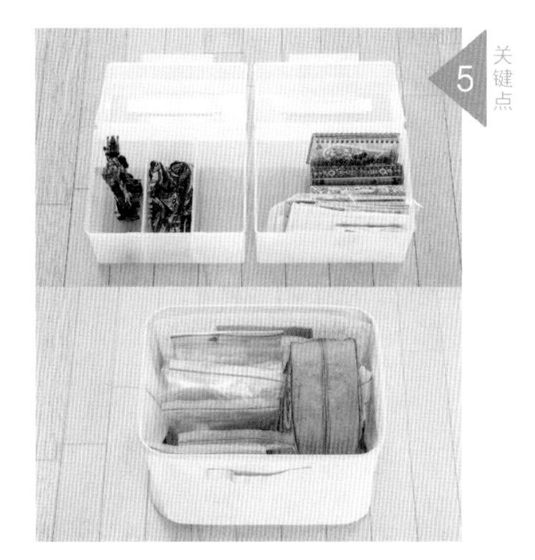

中间的架子由两人共用。带盖的箱子里放孩子的“宝物”，软盒内放双肩书包等较大的物品。

透明塑料封口袋、折纸、蜡笔等放在较浅的软盒内。进行了详细分类的透明塑料封口袋，竖立放置，方便取放。

重新检查容易出现的错误!

成功进行整理收纳的提示集锦

明明有心却整理不好房间……这是你必读的“整理收纳宝典”。请以失败的例子为参考，找出成功的提示。

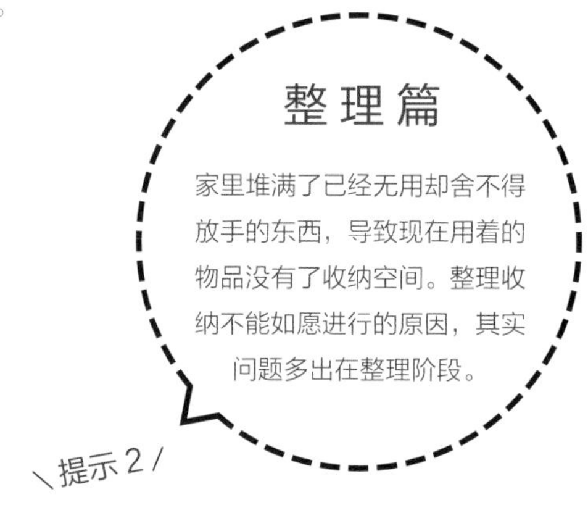

＼提示 1 /

一口气扔得过多，然后后悔了，又再买回来

看了有关收纳的书，或者看了有关“整理前与整理后”的电视节目，就像按下了整理收拾的按钮，很容易省去跟物品面对面审视的步骤。“不管怎样，都扔了吧！”就这样凭感觉把东西都放弃了。结果，一口气扔得过多，几天后发现“哎呀！怎么把有用的东西也扔了”！于是，跑出去买回来的东西比整理前更多了，出现了反弹。整理和减肥一样，需要花时间认真对待。

＼提示 3 /

不断增加的充满回忆的物品，难以进行整理

整理那些充满回忆的物品时，我也会感到苦恼，但我不会勉强自己放弃。看到这些物品就会被治愈，只要有它们在就会更有干劲儿，这样的物品谁都会有。但充满回忆的物品的价值，会随着时间流逝在你的心中发生变化，如果有一天你觉得即使没有它，也没什么关系的时候，跟它一起拍张照片，然后放弃实物，也是办法之一。

＼提示 2 /

整理时，那些高价物品会令人难以割舍

整理的时候，令人举棋不定的东西之一，就是那些高价购入的物品。“这是我攒钱买的”，“这是我分期付款买下的”，这些东西让人难以割舍也是人之常情，但你最后一次用它，已经是一年多以前的事了吧？这样一直放着，你以后就会用它了吗？只要你把已经没用的东西一直保留着，那么东西就只会越积越多。你要考虑到保管这些没有用途的物品就是浪费空间，所以把那些奢侈品整理一下吧。

\ 提示 4 /

没有时间，不知道该从何下手整理

每天都拿出时间来“跟物品对视”，也许有些困难。但是，如果不进行这项工作，你就会不知道该从何入手进行整理。所以，即使只是一点点，跟物品对视的时间也还是有必要的。不用一口气全部做完，哪怕每天整理一个抽屉也可以。制定“每天一个小时”的目标，从日常生活中找出跟物品对视的时间吧。

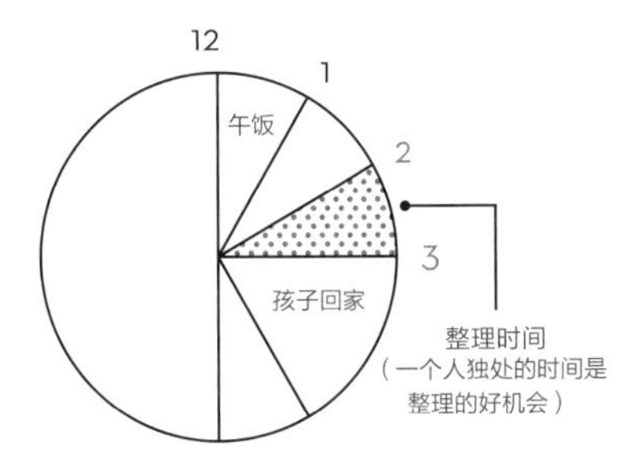

\ 提示 5 /

环视家中，各种赠品与日俱增

不知道你有没有过这样的经验：爷爷奶奶作为礼物给孩子买的玩具、邻居送给小孩的衣服等，等你发现时，家里已经满是别人送的东西。扔掉别人送的东西，会产生一种好像把别人的心意也一起扔掉的感觉，心里不是滋味。但是，让那些东西一直蒙尘闲置在那里，才更令人伤心吧。因为心里过意不去而无法放手的人，保存它们跟孩子的合影也是一个办法。另外，对于以后根本用不着的物品，也要适时地拒绝别人的馈赠。跟对方明确阐明拒绝理由，也有利于建立彼此良好的关系。

\ 提示 6 /

一旦开启整理收纳的开关，连家人的东西也一口气收拾掉

很多人会在读了一本收纳的书籍，或看了电视上的收纳特集以后，一下子开启了整理收纳的开关。这虽然是一件好事，但有一点必须注意。那就是，家人的物品或者是大家共用的物品，不能只凭自己一个人的判断进行整理。东西的价值是因人而异的，即使朝夕相处的家人也一样。对你来说的破铜烂铁，也许对孩子来说是珍贵的玩具。对你来说的废纸，也许对它的主人来说是非常重要的文件。无论任何东西，都需要它的主人来做去留的判断。

\ 提示 7 /

没有的话会感到不安，但过剩的储备物品会妨碍整理的进行。

我去客户家拜访的时候，会吃惊于有那么多人喜欢过量囤积生活杂货。既然如此，为了收纳“有用的东西”整理出来的有效使用空间，不就这样被厕纸、盒装抽纸等淹没了吗？虽然有备用物品会让人安心，但过量储备的话，会造成居住的压迫感和空间的浪费。不需要每次遇到减价都增加物品的储存量，而是根据你购物的频率，以及发生灾害时的物品需求量，重新进行确认吧。

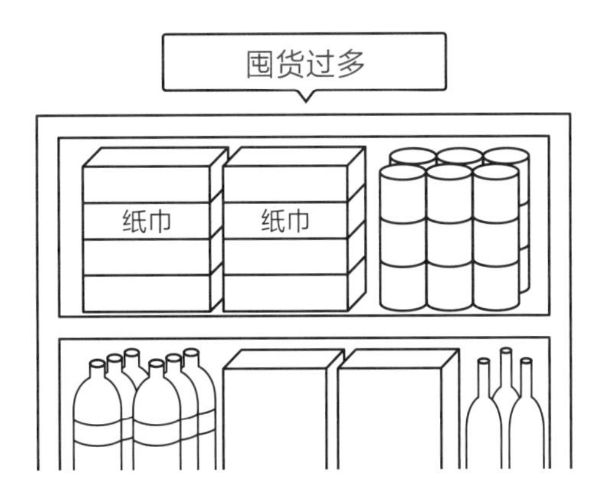

收纳篇

购置收纳用品时，多数人会凭感觉购入一些外观设计比较好的东西，这样会导致使用不便、空间浪漫等弊端，所以购买前先加以测量和计划是非常重要的。

\提示 1 /

在整理家中物品之前，先跑到商店去

很多人在家中物品还没有整理好之前，就想“先买回收纳用具再来整理吧”。这往往会起到反效果。首先跟物品对视，剔除不要的东西，把真正需要的物品总量把握一下吧。如果只是一味增加收纳用具，只会让那些不需要了的东西“住”在里面。

\提示 2 /

收纳场所与家人的活动路线不符

家里收拾不好的最大原因就在这里。比如：放置包的地方不在回家进门处，却要专门爬上楼梯放在二楼；孩子的玩具只放在儿童房，起居室里却没有。这样当然无法收拾好家里。收纳场所必须要配合使用者的日常活动路线来设置。

\提示 3 /

购入收纳用具时不顾大小

收纳用具必须按照收纳物品的量选择合适的大小，但是往往有人凭“大概这么大”的感觉就买下，真到了往里放的时候，就会出现“哎呀，完全放不进去”的情况。而即使完全派不上用场的收纳用具，一旦购买后往往就难以放手了。想着说不定什么时候能用上，或许可以盛点什么，就先搁置。于是，收纳用具不断增多……

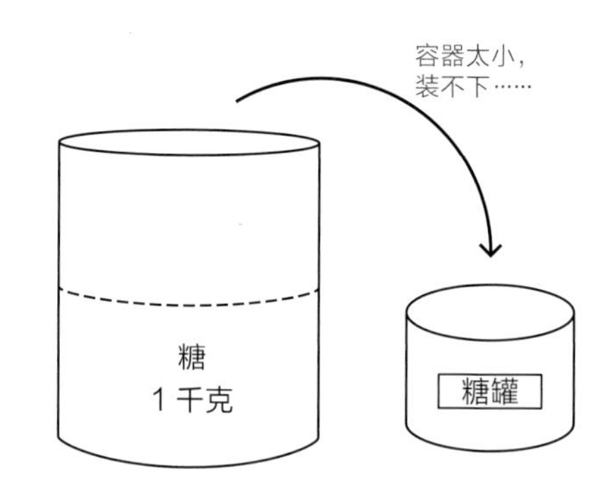

\提示 4 /

购入的收纳用具跟空间不匹配

在购入收纳用品和收纳家具时，一定要考虑跟放置的位置是否匹配。比如有时会出现这种情况：购入了一个抽屉式的收纳箱，实际放置一看，抽屉只能抽到一半；另外，对开式的两扇门收纳用具也会存在同样的问题。不仅是收纳用具，其他诸如沙发、桌子等家具也要充分考虑跟空间的匹配度，选择合适的大小和外观。

\ 提示 5 /

收纳用具跟家具大小完全一致，并不是上策

在选择适合博物架的收纳用品时，你有没有想过选择尺寸跟架子的空间完全一致的？如果只是追求外观美丽，那也无可厚非，但是如果选用高度略矮于架子空间的用具，手就能轻松伸进去取出物品，岂不是更为方便。决定收纳用具的高度时不仅要顾及外观，更重要的是也要考虑到使用的便利度。

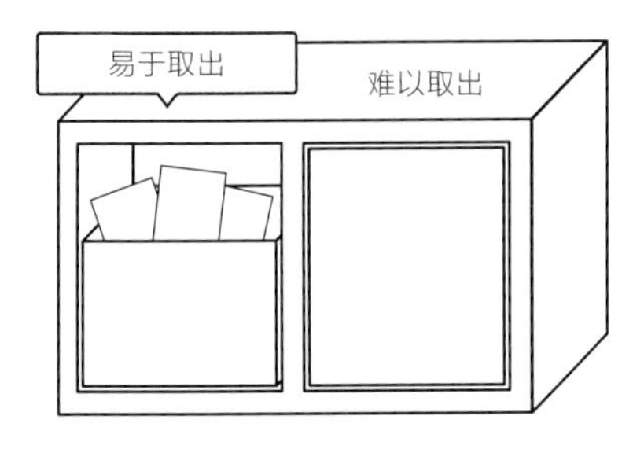

\ 提示 7 /

只追求美观的收纳方式，会给家人生活造成不便

虽说是一起生活的家人，想法却每个人都不同。有时会出现因妈妈讨厌杂乱，过于执着于美观的收纳，而令全家人生活不便的情况。例如：把书放入文件盒收纳，外观会比较整齐美观，却不能一眼就看到里面装了些什么。如果文件盒在架子上放着，那么要拿到书首先要把文件盒拉出来。也许你的孩子和丈夫会感到这个动作很麻烦……起居室、玄关等共用场所，也要充分听取家人的意见，来决定是进行“美观的收纳”还是“方便的收纳”。

\ 提示 6 /

选错了收纳用具，有时会浪费空间

选择收纳用具时容易遗漏的一点是：收纳用具并排摆放会不会产生浪费的空间，或者收纳用具本身有没有浪费的空间。例如：如果把口大底小的收纳器具并排摆放时，会产生多余的空间。另外，有的收纳家具顶部和侧面的板材过厚，外观体积虽然大，但实际内尺寸却比想象的要小，收纳量也很小。这些问题在购买时都要确认一下。

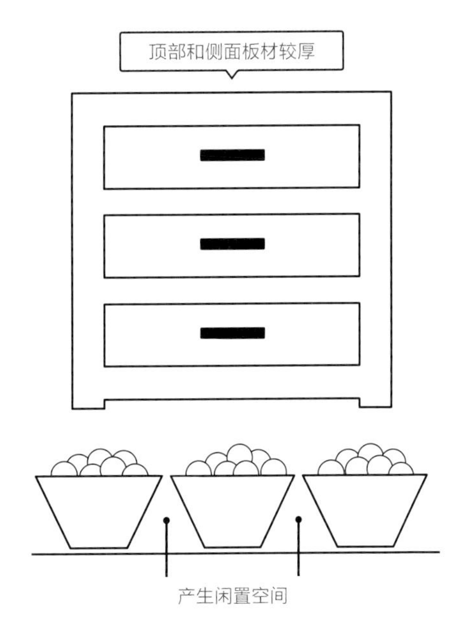

后记

当接到“要出版无印良品的整理收纳书”的邀约时，我真的非常高兴。其实，我在接受这项工作之前，就对无印良品抱有极大兴趣。这些无印良品让我喜欢到忘记时间的流逝，单是翻阅商品目录就令我兴奋不已——它们对我来说，就是这样的存在。因此，在这本书的制作过程中，我特别提出了“增加无印良品的特殊企划”的请求，在书中增加了博物架的使用方法，以家庭访问的形式进行整理收纳等新的内容。

在制订收纳计划，选择无印良品的商品，完成物品收纳的过程中，令我再次深有感触的是：设计整理空间真的是一件令人愉快的事情！跟大家一起进行收纳工作之后，收到了这样的反馈：“剩下的都是我最喜欢的东西了”，“孩子这下也能自己收放玩具了”，“做家务也变得轻松了”。其实，不仅是这一次，我帮助过的所有客户都会对我说同样的话。听了这些话，我真的非常高兴，从内心感到“设计整理空间是令人愉快的事”。

另外，访问住宅进行整理收纳工作，还让我再次确认了一点。那就是：整理收纳一定会带来欢笑！在跟大家一起整理时，大家认真地审视物品，还一边把物品拿在手里，一边跟我分享许多有关物品的回忆。在与物品的对视，确认“这是必需品吗”，“这是我真的喜欢的东西吗”时，可以看出大家也同时进行了“心情的整理”。另外，大家通过亲自整理，切实体会了“以后要过上心情舒畅的生活”的那种兴奋感，以及看到收纳成果后满意的笑容，都给我留下了深刻的印象。

如果大家看了这本书，能够开始思索“令人愉悦的空间到底是什么样的空间”，我会非常高兴。如果你明确了这一点，整理和收纳都会成为一种享受。

愿在忙碌的每一天中，你的家都能成为最令人“心情愉悦的空间”！

最后，忠心感谢协助制作本书的所有人、购买本书的读者，以及让我们享受了设计整理空间之快乐的无印良品！

梶谷阳子

图书在版编目（CIP）数据

无印良品的整理收纳 /（日）梶谷阳子著；曹永洁译. -- 北京：中信出版社，2017.10
ISBN 978-7-5086-7640-1

Ⅰ. ①无… Ⅱ. ①梶… ②曹… Ⅲ. ①家庭生活－基本知识 Ⅳ. ①TS976.3

中国版本图书馆CIP数据核字(2017)第115882号

无印良品的整理收纳

著　　者：[日]梶谷阳子
译　　者：曹永洁
出版发行：中信出版集团股份有限公司
（北京市朝阳区惠新东街甲4号富盛大厦2座 邮编 100029）
承 印 者：北京利丰雅高长城印刷有限公司

开　　本：787mm×1092mm　1/16　　印　　张：8　　字　　数：150千字
版　　次：2017年10月第1版　　印　　次：2017年10月第1次印刷
京权图字：01-2017-0376　　广告经营许可证：京朝工商广字第8087号
书　　号：ISBN 978-7-5086-7640-1
定　　价：58.00元

服务热线：400-600-8099
投稿邮箱：author@citicpub.com